高等教育汽车类系列教材

汽车电气系统检测实训

主编　陈建明　周斌　严成平

中国水利水电出版社
www.waterpub.com.cn

·北京·

内 容 提 要

本书从实践教学要求出发，系统地介绍了当代汽车电气检测与诊断的基础知识和基本技能。全书共分 10 个实训单元、34 个实训项目，内容主要包括：汽车电气系统检测基础知识，汽车电源系统的检测，汽车充电系统的检测，汽车启动系统的检测，汽车点火系统的检测，汽车照明和信号系统的检测，汽车仪表、报警及显示装置的检测，汽车空调设备的检测，其他附加电气设备的检测，汽车线路的检修与维护。实训单元前设置了导入案例，实训单元后设置了报告要求。

本书可作为应用型本科院校汽车类专业教材，同时也可作为高等职业教育汽车类专业的实践实训教学教材，也可供工厂技术人员、汽车从业人员参考。

图书在版编目（C I P）数据

汽车电气系统检测实训 / 陈建明，周斌，严成平主编. -- 北京 : 中国水利水电出版社，2023.7
高等教育汽车类系列教材
ISBN 978-7-5226-1510-3

Ⅰ. ①汽… Ⅱ. ①陈… ②周… ③严… Ⅲ. ①汽车—电气系统—故障检测—教材 Ⅳ. ①U472.41

中国国家版本馆CIP数据核字(2023)第082305号

书　　名	高等教育汽车类系列教材 **汽车电气系统检测实训** QICHE DIANQI XITONG JIANCE SHIXUN	
作　　者	陈建明　周　斌　严成平　主编	
出版发行	中国水利水电出版社 （北京市海淀区玉渊潭南路 1 号 D 座　100038） 网址：www. waterpub. com. cn E - mail：sales@mwr. gov. cn 电话：(010) 68545888（营销中心）	
经　　售	北京科水图书销售有限公司 电话：(010) 68545874、63202643 全国各地新华书店和相关出版物销售网点	
排　　版	中国水利水电出版社微机排版中心	
印　　刷	清淞永业（天津）印刷有限公司	
规　　格	184mm×260mm　16 开本　11.25 印张　274 千字	
版　　次	2023 年 7 月第 1 版　2023 年 7 月第 1 次印刷	
印　　数	0001—1500 册	
定　　价	**38.00 元**	

随着汽车技术的快速发展，汽车已经发展成为集机电、液气、无线网络和信息技术、人工智能于一体的高度集成的交通、娱乐和信息系统。加之人们对汽车的安全、节能、环保以及舒适等性能要求越来越高，电子设备，电子装置也越来越多。汽车电气系统检修业务已发生了根本性的变化，以4S店为代表的汽车综合售后服务取代了单一的汽车电器修理业务，其综合性故障诊断与检测逐渐成为维修技术的主流。为适应汽车技术发展和汽车维修行业的需求，根据应用型本科院校培养目标"本科学历（学位）＋职业技能素养"的要求，结合高职院校强调"实践"和"创新"的原则，编写本书。

本书以"汽车发动机构造与维修""汽车底盘构造与维修""汽车电器构造与维修"3门课程为专业基础，按照综合性故障检测与维修的工作过程对知识、技能和素养的要求，重建了内容体系，增加了课程的应用能力和思政元素。本书在强化实践能力、创新能力培养的同时也进一步强化"立德树人"的思想，实现专业课的知识教育、能力培养和思想政治教育的有机融合，既教书又育人，是一种全新的综合学习教材。

全书共分10个实训单元、34个实训项目，内容主要包括：汽车电气系统检测基础知识，汽车电源系统的检测，汽车充电系统的检测，汽车启动系统的检测，汽车点火系统的检测，汽车照明和信号系统的检测，汽车仪表、报警及显示装置的检测，汽车空调设备的检测，其他附加电气设备的检测，汽车线路的检修与维护，突出可操作性和实用性，力求使读者既能熟练掌握现代汽车的检测、维修技术知识和基本技能，又能独立完成汽车故障深层次的分析。

本书由西昌学院陈建明、周斌、严成平担任主编，谢平、梁秋声、李炬担任副主编。具体分工如下：陈建明编写实训单元一、二、三、五、十，并统稿；周斌编写实训单元四；严成平编写实训单元七；谢平编写实训单元六；

梁秋声编写实训单元九；李烜编写实训单元八；褚晓锐排版调试。本书的顺利出版，得到西昌学院的领导和老师给予的大力支持和帮助；编编写过程中参考了相关图书、文献资料以及一些使用说明书，在此，一并表示感谢！

由于编者水平有限，加之经验不足，书中难免不妥或疏漏，敬请广大读者批评指正，编者将认真对待，加以完善。

编　者

2023 年 6 月

目 录

前言

实训单元一　汽车电气系统检测基础知识 ……………………………… 1
　　导入案例 …………………………………………………………………… 1
　　实训一　现代汽车电气检修方法 ………………………………………… 1
　　实训二　汽车专用数字万用表的使用 …………………………………… 6
　　实训三　汽车解码器的使用 ……………………………………………… 12
　　实训四　汽车专用示波器的使用 ………………………………………… 20
　　实训五　汽车电路图及其识读 …………………………………………… 24
　　实训六　汽车电器检测安全知识 ………………………………………… 36

实训单元二　汽车电源系统的检测 ……………………………………… 42
　　导入案例 …………………………………………………………………… 42
　　实训一　蓄电池性能检测与充电 ………………………………………… 42
　　实训二　蓄电池常见故障诊断与排除 …………………………………… 52

实训单元三　汽车充电系统的检测 ……………………………………… 57
　　导入案例 …………………………………………………………………… 57
　　实训一　交流发电机的性能检测 ………………………………………… 57
　　实训二　电压调节器的检测 ……………………………………………… 60
　　实训三　充电系统常见故障诊断与排除 ………………………………… 68

实训单元四　汽车启动系统的检测 ……………………………………… 74
　　导入案例 …………………………………………………………………… 74
　　实训一　启动机的性能检测 ……………………………………………… 74
　　实训二　启动机的检修 …………………………………………………… 78
　　实训三　启动系统常见故障诊断与排除 ………………………………… 83

实训单元五　汽车点火系统的检测 ……………………………………… 88
　　导入案例 …………………………………………………………………… 88
　　实训一　传统点火系统的检测 …………………………………………… 88
　　实训二　电子点火系统的检测 …………………………………………… 95
　　实训三　点火正时的检测与调整 ………………………………………… 100
　　实训四　微机控制点火系统常见故障诊断与排除 ……………………… 104

实训单元六　汽车照明和信号系统的检测 ···································· 109
　　导入案例 ··· 109
　　实训一　汽车照明装置的检测与调整 ································· 109
　　实训二　汽车电喇叭的调整与试验 ································· 113
　　实训三　转向信号闪光继电器的检测 ································· 116
　　实训四　汽车照明和信号系统常见故障诊断与排除 ······················ 119

实训单元七　汽车仪表、报警及显示装置的检测 ···························· 123
　　导入案例 ··· 123
　　实训一　汽车仪表及报警装置检测前的准备 ·························· 123
　　实训二　汽车主要仪表与报警装置的检测 ··························· 126

实训单元八　汽车空调设备的检测 ···································· 132
　　导入案例 ··· 132
　　实训一　更换汽车空调滤芯 ···································· 132
　　实训二　汽车空调系统制冷剂的加注 ································· 134
　　实训三　汽车空调系统压力的检测 ································· 138
　　实训四　汽车空调系统电路故障诊断与检测 ·························· 141

实训单元九　其他附加电气设备的检测 ································· 147
　　导入案例 ··· 147
　　实训一　电动车窗的故障检测 ···································· 147
　　实训二　电动中控门锁故障检测 ································· 150
　　实训三　电动座椅故障检测 ···································· 154
　　实训四　电动后视镜及后窗除霜装置故障检测 ·························· 157
　　实训五　刮水器和风窗清洁装置故障检测 ··························· 161

实训单元十　汽车线路的检修与维护 ·································· 166
　　导入案例 ··· 166
　　实训一　汽车线路的检修与维护 ································· 166

参考文献 ··· 172

实训单元一
汽车电气系统检测基础知识

导入案例

中央电视台"3·15"晚会节目组接到了大量消费者投诉，纷纷反映一些4S店在车辆维修和保养的时候，存在许多猫腻。一位多年从事汽车维修的人士，也向节目组举报，一些汽车4S店会故意虚报或夸大车辆出现的故障，"小病大修，没病小修"，能换的不给修，能修好的也要求更换，欺骗消费者，从中牟利。一辆汽车的四缸发动机没有任何故障，假如松动某一缸发动机点火线圈插头，发动机都会出现明显抖动，同时仪表板上的故障指示灯亮起，提示发电机有故障。作为普通的维修技工来说，像松动造成发电机抖动这一类简单的故障，只要找到点火线圈松动位置，插好了重新启动，然后消除故障码，这个问题就迎刃而解。

作为汽车行业的技术工人一定要有好的职业操守，做事得先做人，做人得先立德，爱岗敬业，诚信为本，质量为先，规范操作，严谨求实，培养优秀的服务客户的职业素养。

实训一　现代汽车电气检修方法

现代汽车电气设备的检修，就是应用现代检修管理技术，用先进的设备仪器和检测手段，实时了解装置的工况状态，合理安排检修项目和检修时机，最大化地降低检修成本，提高装置的使用性能。因此掌握先进正确的检测方法尤为重要。

一、实训目的

（1）了解现代汽车全车电路的组成。
（2）了解汽车电气故障的特点。
（3）掌握电气故障检修的一般方法。

二、实训仪器和设备

相关的资料，电路图，导线，灯泡，开关，蓄电池，汽车一辆。

三、实训前的准备

（1）汽车进入工位前将工位清理干净，准备好相关的资料。
（2）拉紧驻车制动器，并将变速器置于 N 或 P 挡。

（3）打开并可靠支撑机舱盖。

（4）粘贴翼子板和前脸护裙。

（5）安装转向盘套、换挡手柄套和座套，铺设地板垫等。

（6）工作台上放置好导线、灯泡、开关、蓄电池、图纸等。

四、实训内容及步骤

（一）现代汽车全车电路的组成

现代汽车全车电路主要有：电源电路、启动电路、点火电路、空调控制电路、仪表电路、照明与信号电路、辅助电气电路、电动刮水器与洗涤器控制电路、发动机电控系统控制电路、制动防抱死系统（ABS）控制电路、音响及通信控制电路、防盗控制电路等。

全车电路就是将这些电气设备的电路按照它们各自的工作性能及相互之间的内在联系，用导线连接起来构成的一个整体。

1. 电源电路

电源电路又称充电电路，其作用是对全车所有用电设备供电并维持供电电压稳定。电源电路由蓄电池、发电机及电压调节器和工作情况显示装置等组成。

2. 启动电路

启动电路由启动机、起动继电器、起动开关及起动保护装置等组成，主要作用是将发动机由静止状态转变为自行运转状态。

3. 点火电路

点火电路由分电器、电子点火控制器、点火线圈、火花塞及点火开关等组成，主要用于汽油机。其作用是控制并产生足以击穿火花塞电极间隙的电压，同时按发动机的点火顺序，将高压电送至各缸火花塞点燃各缸可燃混合气，使发动机运转。

4. 空调控制电路

空调控制电路由空调压缩机、电磁离合器、空调控制器、控制开关及风机控制电路等组成。主要作用是根据环境温度和空气质量控制调节汽车驾驶室或车厢内的温度和空气质量，以满足乘员舒适度的要求。

5. 仪表电路

仪表电路由仪表指示表、传感器、各种报警器及控制器等组成。主要作用是控制各种仪表显示信息及报警，如冷却液温度、润滑油压、燃油箱油量、行驶里程及瞬时速度等。

6. 照明与信号电路

照明与信号电路由前照灯、雾灯、示廓灯、转向灯、制动灯、倒车灯等及其控制继电器和开关组成。主要作用是控制各种照明灯的启闭及各种信号的输出。

7. 辅助电气电路

辅助电气电路主要作用是根据需要控制各种辅助电气设备的工作时机和工作过程，由各种辅助电器及其控制继电器和开关组成。

8. 电子控制系统电路

电子控制系统电路主要作用是由电子控制器 ECU 根据汽车上所装用的电控系统的内容不同采用不同的控制方式完成控制功能，如电控燃油喷射、电控制动防抱死、电控自动变速器、电控悬架、电控动力转向、电动坐椅、安全气囊等。

(二) 现代汽车电气系统的特点

1. 低压

汽车电路的额定电压有 12V、24V 两种，汽油车普遍采用 12V 电路，而柴油车多采用 24V 电路。对发电装置，12V 电源系统输出的额定电压为 14V，24V 电源系统输出的额定电压为 28V。对用电设备，电压为 0.9～1.25 倍额定电压时能正常工作。

2. 直流

汽车电路采用直流电源系统，是因为启动发动机的启动机为直流串励式电动机，其工作时必须由蓄电池供电，而蓄电池消耗电能后又必须用直流电来充电。

3. 单线制

单线制是指从电源到用电设备只用一根导线连接，而另一根导线则由金属部分如车体、发动机等代替作为电气回路的接线方式。单线制具有节省导线、简化线路、方便安装检修、电气元件不需与车体绝缘等优点而得到广泛应用。但在个别情况下，也采用双线制。

4. 负极搭铁

采用单线制时，蓄电池的负极必须用导线接到车体上，称为负极搭铁。这是国家标准规定的，也是交流发电机正常工作的必要条件。

5. 汽车电路工作状态

汽车电路工作状态有三种状态：通路、断路、短路，如图 1-1 所示。

(1) 通路：如图 1-1（a）所示，合上开关，电流就会从蓄电池的正极经灯泡、开关流入蓄电池负极，形成回路，灯泡会亮。

(2) 断路：如图 1-1（b）所示，开关断开（或电路中某一处断开），电流无法到达蓄电池负极，灯泡不亮，这种状态称为断路（或称开路）。

(3) 短路：如图 1-1（c）所示，若把蓄电池的两个正负电极直接接通，电流不经过负载和开关，电流从蓄电池正极直接流入到负极，这种状态称为短路。

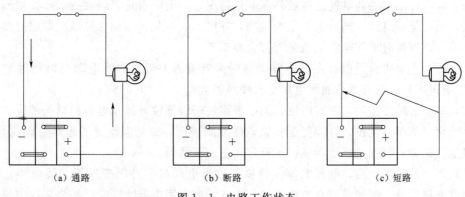

(a) 通路　　　　　　　(b) 断路　　　　　　　(c) 短路

图 1-1　电路工作状态

短路对电路的危害很大。由于电流不通过灯泡和开关而直接流入负极，加之导线的电阻很小，电路中的电流比正常时增大数倍至几十倍，温度升高，会使导线绝缘烧坏，严重时会引起导线燃烧，并引起火灾，因此要防止电路短路。

（三）现代汽车电器故障及检修特点

1．损坏性故障和预告性故障

损坏性故障是指电器线路或电气设备已经损坏的严重故障，如灯泡的灯丝烧断，灯泡完全不发光；电机绕组断线，电动机完全不能转动等。这类故障，只有通过修复或更换，并且排除电器线路或电气设备损坏的各种原因后，故障才能排除。有些故障，如灯泡亮度下降、电动机温升偏高等，设备尚未损坏，可短时继续使用，称为预告性故障。但长此下去，将影响设备的正常使用，甚至演变成损坏性故障。

2．使用故障和性能故障

某些电器故障，虽然对电器线路或电气设备本身影响不大，但不能满足使用要求，即为使用故障。如发电机发出的电压、频率偏低，对发电机本身影响不大，但不能满足外部对电压和频率的要求。有些故障虽不影响使用要求，但对电器线路或电气设备性能有一定影响，称为性能故障。例如变压器空载损耗增加，使变压器发热增加，说明变压器内部存在某些故障，从而降低了变压器的性能。

3．显性故障和隐性故障

"显性"故障是指故障部位有明显的外表特征，容易被发现，如继电器或接触器线圈过热、冒烟、发出焦味；电动机因缺相而出现响声异常等。"隐性"故障是指故障没有外表特征，不易被发现。如绝缘导线内部断裂、电子元件断路等，这类故障常常给查找带来很大困难。

（四）电器故障检修的一般方法

1．直观法

有些电器故障是可以通过人的手、眼、鼻、耳等器官，采用"问、看、听、摸、闻"等手段，直接感知故障设备异常的温升、振动、气味、响声等，从而找出设备的故障部位。具体方法如下。

（1）问：向现场操作人员了解故障发生前后的情况。如故障发生前是否过载、频繁启动和停止；故障发生时是否有异常声音及振动，有没有冒烟、冒火等现象。

（2）看：仔细察看各电气元件的外观变化情况。如看触点是否烧融或氧化，熔断器熔体熔断指示器是否跳出，热继电器是否脱扣，导线和线束是否烧焦，热继电器电流整定值是否合适，以及瞬时动作额定电流是否符合要求等。

（3）听：主要听有关电器在故障发生前后声音有否差异。如听电动机启动时是否只"嗡嗡"响而不转，接触器线圈得电后是否噪声很大等。

（4）摸：故障发生后，断开电源，用手触摸或轻轻推拉导线及电器的某些部位，以察觉异常变化。如摸电动机、自耦变压器和电磁线圈表面，感觉湿度是否过高；轻拉导线，看连接是否松动；轻推电器活动机构，看移动是否灵活等。

（5）闻：故障出现后，断开电源，将鼻子靠近电动机、自耦变压器、继电器、接触器、绝缘导线等处，闻闻是否有焦味。如有焦味，则表明电器绝缘层已被烧坏，主要是由过载、短路或三相电流严重不平衡等故障所造成。

2. 仪器仪表检测法

借助各种仪器和仪表，对故障设备的电压、电流、功率、频率、阻抗、温度、振幅和转速等进行测量，以确定故障部位。对现代汽车上越来越多的电子设备来说，仪器仪表检测法具有省时、省力和诊断准确的优点，但要求操作者必须具备熟练应用万用表、示波器等的技能，并准确把握汽车电器元件和系统的工作原理和标准数据。

3. 对比法

对比法是指与同类完好设备进行比较来确定故障的一种方法。把所怀疑可能有问题的元器件用一个同类型且完好的元器件来替换，如果设备恢复正常，则故障部位就很好确定。例如，某装置中的一个电容是否损坏无法判别，可以用一个同类型的完好的电容器替换，如果设备恢复正常，则故障部位就是这个电容。用于替换的电器应与原电器的规格、型号一致，且导线连接应正确、牢固，以免发生新的故障。

4. 分析法

分析法是根据电气设备出现的故障现象，由表及里，刨根问底，层层分析和推理的方法。通过分析电气设备构造、工作原理、功能，分析电器元件工作状态等来查找故障原因及部位。

在完成上述工作过程中，实践经验的积累也起着重要的作用。

五、实训注意事项

（一）点火系统应该注意的问题

（1）在检修过程中，务必要保证电子点火系统的搭铁良好。不管是传感器的搭铁、高压导线的搭铁还是电子点火器的搭铁，其搭铁部位都必须保证牢固可靠，尽量减少它们之间的接触电阻，使其能够稳定可靠地进行工作。

（2）如果故障属于高速或者热态断火现象，在进行检修时，可以先对点火系统的关键部位进行检查，以提高检查效率。

（二）发电机应该注意的问题

（1）发电机接线应正确。国产硅整流发电机的接线柱旁均有标记或名称："＋"或"B＋"为"电枢"接线柱。各个接线柱导线的连接要确保牢固可靠，如果导线的连接不够牢固，导线突然断开产生瞬时过压，很可能会把整流二极管或其他电气设备烧坏。

（2）在发动机熄火以后，要马上把电源总开关或点火开关关掉，以避免蓄电池对发电机励磁绕组做长时间放电。

（3）严禁使用220V交流电压或兆欧表对发电机的绝缘性能进行测试，否则会由于电压过高而使整流二极管击穿。

（三）启动机应该注意的问题

（1）若连接启动机电路的导线损坏，在更换导线时，要注意导线的横截面积，不能使用横截面积较小的导线。

（2）在检修完成安装启动机时，要确保已经装好防尘罩，以免尘土进入电动机内部。

（3）将启动机拆下进行清洗检查时，除了要对轴承进行清洗和润滑、清洗换向器、电刷及启动机内腔外，还应注意检查电刷弹簧的压力以及电刷的长度。

六、实训报告要求

归纳总结汽车全车电路的组成、电气元件故障的特点、检修方法和检修注意事项。

实训二 汽车专用数字万用表的使用

汽车专用数字万用表在汽车进行故障诊断过程中，是必不可少的专用工具。它与一般的万用表有一定的区别，可以提供一些更专业的功能，还具有对一些汽车电器元件进行专门测试的作用。例如，可对汽车电压、电阻、电路导通性、二极管、频率、温度、电流、闭合角、占空比及发动机转速等参数进行测试，并具有自动断电、自动量程转换、图形显示、峰值保留和数据锁定等功能。下面以 KT300 型多功能万用表为例介绍数字万用表的使用。

一、实训目的

（1）掌握汽车专用数字万用表的基本功能和操作流程。
（2）能熟练应用数字万用表对汽车各参数进行正确测试。

二、实训仪器和设备

汽车专用数字万用表，待测汽车电路元件和汽车一辆。

三、实训前的准备

（1）汽车进入工位前将工位清理干净，准备好相关的工具和检测仪器。
（2）拉紧驻车制动器，并将变速器置于 N 或 P 挡。
（3）打开并可靠支撑机舱盖。
（4）粘贴翼子板和前脸护裙。
（5）安装转向盘套、换挡手柄套和座套，铺设地板垫等。
（6）准备好工作台放置万用表及检测元件等。

四、实训内容及步骤

（一）认识汽车专用万用表面板及功能

KT300 汽车专用数字万用表具有以下功能。
（1）具有对微小电压和电流进行测量的功能，并具备记忆锁定功能。
（2）可测试线路中的电压和阻抗，以及电路断路或短路检测。
（3）可检测电路中接点的电压降或触点间的电压降。
（4）可检测温度和发动机转速。
（5）可测量电磁线圈工作导通关断的百分比。
（6）可检测点火系统高压电路的技术状况。
（7）可对发电机整流二极管进行动态检测。

（8）可检测交直电压和电流，并具有 15A 电流过载保护等功能。

（9）对电阻或直流电压测量可选择自动或手动方式。

（10）可精确测试频率（MHz）和时间（ms）。

KT300 型万用表的面板和液晶显示屏如图 1-2 所示。

KT300 型万用表的附件主要有特殊温度传感器及插头、转速测试传感器等。

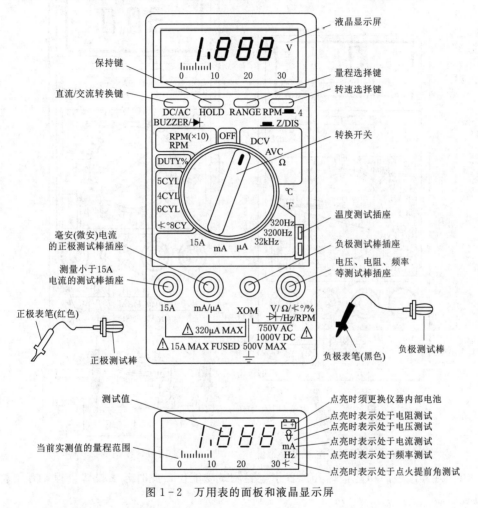

图 1-2　万用表的面板和液晶显示屏

（二）数字万用表对各参数测试的方法

1. 电压的测量

（1）将万用表的测试导线按照图 1-3 所示，接入万用表相应的测试插孔，黑色导线接入接地插孔。

（2）将万用表的功能选择开关置于电压测量挡位，并根据待测量电压的类型选择直流和交流位置。

（3）将万用表的测试导线接入待测电路，黑表笔接地，红表笔接信号线。

（4）闭合待测电路，观察万用表显示区域的电压读数。

（5）按下控制区域的"HOLD"按钮，锁定测量结果，与标准值（范围）进行对比，得出结论。

2. 电阻的测量

（1）将万用表的功能测试导线按照图1-3所示接入万用表的测试插孔，黑色导线接入接地插孔，红色导线接入电压/电阻等信号拾取插孔。

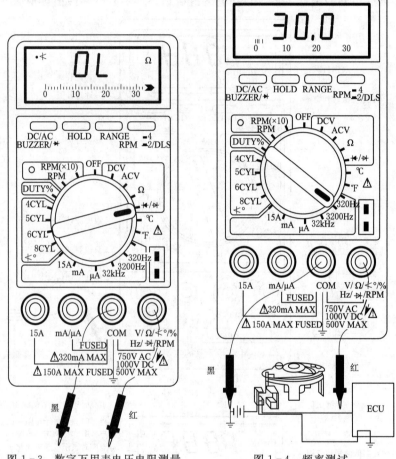

图1-3　数字万用表电压电阻测量　　　　图1-4　频率测试

（2）将万用表的功能选择开关置于电阻测试功能位，此时若不设置量程，万用表为自动量程状态。

（3）如果需要进行量程的设置，可按下量程控制键，进入手动量程设置模式，此后如再按下一次该键，量程范围将更换一次，若想返回自动量程，可按下该键2s后松开，即可返回。

（4）手动量程的选择范围0～320Ω、0～3.2kΩ、0～32kΩ、0～320kΩ、0～3.2MΩ和0～32MΩ。

（5）将万用表的测试导线接入待测元件，黑色导线和红色导线分别连接待测元件的接线端子。

（6）观察万用表显示区域的数据显示。

（7）按下控制区域的"HOLD"按钮，锁定测量结果，与标准值进行对比，得出结论。

3. 电路导通性测试

(1) 将万用表的测试导线按照图 1-3 所示接入万用表相应的测试插孔，黑色导线接入接地插孔，红色导线接入电压/电阻等信号拾取插孔。

(2) 将万用表的功能选择开关置于电路通路/二极管测试挡位。

(3) 将万用表的两测试导线接入被测电路。

(4) 开路测试：将跨接线的一端接地，另一端接入被测电路，或将红色导线接入电路，黑色导线接地，如果万用表的蜂鸣器没有发出报警声，则表明测试导线连接的电路出现开路故障。逐渐移动测试导线的接入位置，直至蜂鸣器发出报警声，用这种方法即可很方便地找出开路之处。

(5) 电路搭铁测试：将待测电路的电源线和搭铁线断开，并把万用表的两表笔一端接地，另一端接入待测电路，如果万用表的蜂鸣器发出报警声，表明被测电路有搭铁情况出现；断开被测电路中的连接器，并将测试表笔逐渐在电路上移动，即可找出搭铁点。

4. 二极管的测量

(1) 将万用表测试导线按照图 1-3 所示接入万用表相应的测试插孔。

(2) 将万用表的功能选择开关置于电路通路/二极管测试挡位，显示屏会出现相应的测试状态，按下控制区域蜂鸣器/二极管切换键选择。

(3) 二极管的导通测试：将万用表的红色导线接二极管的正极，黑色导线与二极管的负极相连，观察万用表显示区域的数据，将显示低压状态结果。

(4) 二极管的截止测试：将万用表红色导线与二极管的负极相连，黑色导线与二极管正极相连，观察万用表显示区域的数据，将显示高压状态结果。

(5) 测试结论：正常情况下，二极管导通电压为 0.4～0.7V；击穿的二极管在导通和截止测试中电压很低；开路的二极管将在截止测试时显示"OL"字样。

5. 频率测试

(1) 将万用表的测试导线按图 1-4 所示位置接入万用表相应测试插孔。

(2) 将万用表的功能选择开关置于频率测试挡位，并根据被测信号频率的范围选择相应量程。

(3) 将万用表的两根导线接入待测电路，黑色导线接地，红色导线接信号线。

(4) 开启相关开关，获取信号，观察万用表显示区的数据显示。

(5) 按下控制区域的"HOLD"键，锁定测得的结果，与标准值进行对比，得出结论。

6. 温度的测量

(1) 将万用表的测试导线按照图 1-5 所示，接入相应温度测试插孔。

(2) 将万用表的功能选择开关置于温度测试挡位，并选择华氏/摄氏相应位置。

(3) 将专用温度探头置于待测物表面。

(4) 待温度读数稳定后，观察万用表显示区域的读数并做记录。

(5) 温度的测量范围，摄氏温度：-20～137℃，华氏温度：0～2000℉。

7. 电流的测试

(1) 将万用表的测试导线依照图 1-6 所示，接入相应的插孔（黑色导线插入接地插孔，红色导线按测量电路中电流的大小接入 15A 或 mA/μA 位置）。

（2）将万用表的功能选择开关置于电流测试挡位，并相应的选择 15A、mA 或 μA 位置。

（3）根据待测电路的实际情况相应在万用表的控制区域选择直流或交流（每按一下"DC/AC"按钮，直流和交流测量功能切换一次）。

（4）将两导线接入待测电路，接通电路开关，观察万用表显示区域的电流读数并做记录。

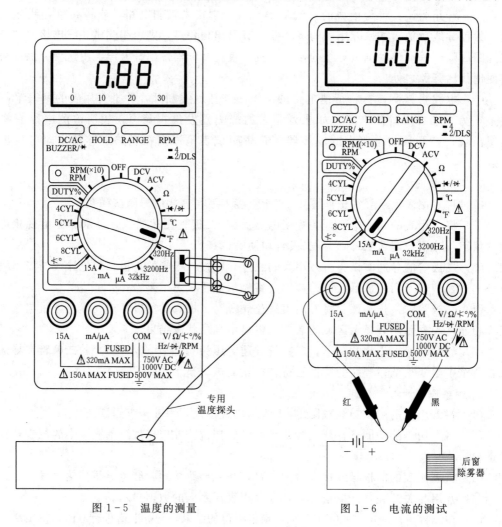

图 1-5　温度的测量　　　　　　　　图 1-6　电流的测试

8. 闭合角测量

（1）将万用表的测试导线接入相应的测试插孔，如图 1-7 所示。

（2）将万用表的功能选择开关置于闭合角测试挡位，并根据待测车辆相应地选择 4 缸、5 缸、6 缸或 8 缸位置。

（3）将万用表的黑色导线接地，红色导线接入点火线圈的初级"—"端。

（4）启动车辆，观察万用表显示区域的读数并做记录。

（5）重复上述的操作，并将测试结果进行比较，得出结论。

9. 占空比的测量

（1）将万用表的测试导线接入万用表相应测试插孔，如图1-8所示。

（2）将万用表的功能选择开关置于占空比测量挡位。

（3）将万用表的黑色导线接地，红色导线与待测信号线连接。

（4）启动发动机，使待测元件止常工作，观察万用表数字显示区域的读数并做记录。

10. 发动机转速测量

（1）将转速感应测试钳的导线接入万用表相应插孔，如图1-9所示。

（2）将万用表的功能选择开关置于转速测试挡位，并根据实际测试转速范围选择 RPM 或 RPM × 10 位置。

（3）根据待测车辆的点火模式设置万用表控制区域的转速测试按钮（按下该按钮为2冲程发动机或无分电器式点火系统模式，不按下按钮为4冲程发动机有分电器式点火模式）。

（4）将转速测试钳接入待测车辆，将点火高压线夹入测试钳，将测试钳标有箭头的一方朝上放置。

（5）启动车辆观察万用表显示区域的数据，并与仪表板上发动机转速进行比较。

（6）踩下加速踏板，观察万用表显示区域的数据，并与仪表板上的发动机转速指示值进行比较。

五、实训注意事项

（1）不能使用万用表测量1000V以上的直流电压或750V以上的交流电压。

（2）测试时应使车辆停放可靠并将车辆制动。

（3）用万用表测试时不得随意操纵车辆。

（4）不能使用绝缘性能差、破损或磨损的测量导线。

（5）在检测电控汽油喷射发动机的传感器时，不允许使用阻抗低于10MΩ的指针式万用表检测与ECU相连接的电控系统的传感器和执行元件，而应该使用高阻抗数字式万用表进行测试。

六、实训报告要求

归纳总结数字式用表的基本功能和操作流程及检测时的注意事项。

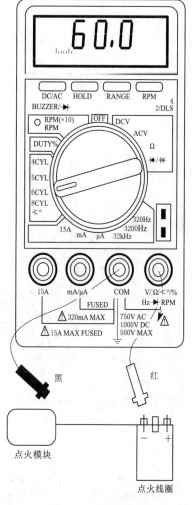

图1-7 闭合角测量

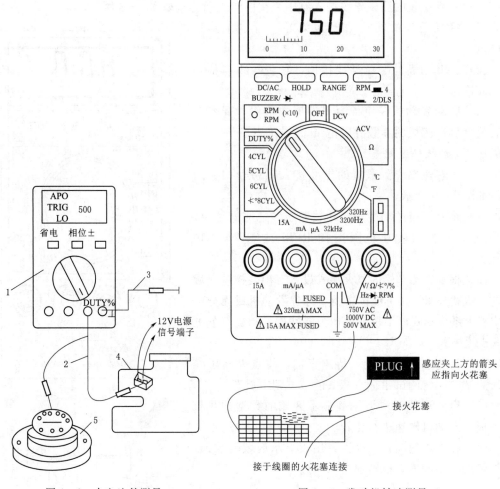

图 1-8 占空比的测量

1—万用表；2—红表笔；3—黑表笔；

4—电控化油器；5—9 孔诊断插座

图 1-9 发动机转速测量

实训三 汽车解码器的使用

汽车维修行业的故障检修方法已由传统的人工经验诊断发展到依据相应的仪器设备来进行诊断，尤其是某些进口高档车的电子控制系统只有靠仪器设备才能进行诊断。在这些众多的仪器设备当中，使用的最普遍的是电控系统故障检测仪，俗称为解码器。下面就以 KT600 型多功能智能诊断仪为例介绍其解码功能的使用。

一、实训目的

（1）掌握常用解码器的功能和操作流程。

（2）会使用解码器提取汽车故障代码。

二、实训仪器和设备

常用工具，汽车专用 KT600 型多功能智能诊断仪，正常运转车一辆。

三、实训前准备

（1）将工位清理干净，准备好相关的工具和检测仪器。

（2）车辆拉紧驻车制动器，并将变速器置于 N 或 P 挡。

（3）打开并可靠支撑机舱盖。

（4）粘贴翼子板和前脸护裙。

（5）安装转向盘套、换挡手柄套和座套，铺设地板垫等。

（6）准备好放置工量具的工作台等。

四、实训内容及步骤

（一）整机组成及主要功能

1. 整机组成

KT600 的主体部分包括四大件：主机、诊断盒、示波盒和打印机。这四大件可以分开，各自具有独立的功能和作用，可根据需要和配置情况进行工作。但是，任选其中三大件（诊断盒和示波盒选一个即可）通过插接可组合为一个整体，外部加上保护胶套，防止松动和磨损。此外，KT600 还配有一些进行汽车诊断和网上升级所需的附件，如测试延长线、电源延长线、汽车鳄鱼夹、点烟器接头、14V 电源、CF 卡、CF 卡读卡器，以及各种测试接头等，见表 1-1。

表 1-1 KT600 所需的附件

图 片	名 称	功 能
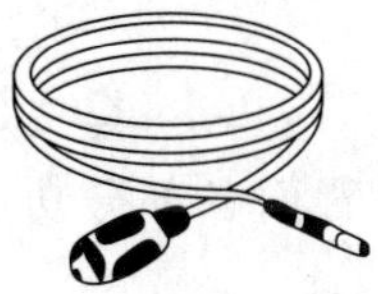	电源延长线	给主机提供电源，可以连接汽车点烟器接头或者汽车鳄鱼夹
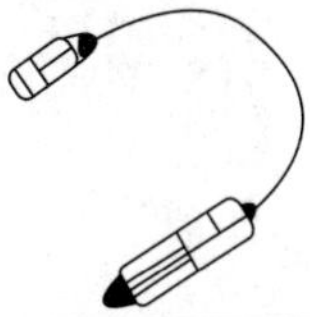	汽车点烟器接头	连接电源延长线和汽车点烟器给主机供电
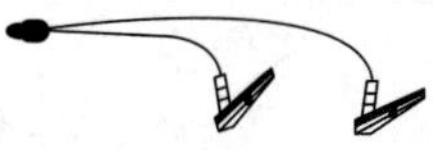	汽车鳄鱼夹	连接电源延长线和汽车电瓶给主机供电

续表

图 片	名 称	功 能
	测试探针	连接到通道 CH1、CH2、CH3、CH4 输入，带接地线，可以×1 或者×10 衰减
	示波延长线	可以连接 CH1、CH2、CH3、CH4 通道，主要功能是延长输入信号线
	一缸信号夹	连接 CH5 通道，可以检测发动机转速和利用为触发
	容性感应夹	连接 CH1、CH2 通道，感应次级点火信号
	示波连接线	可以对接地线或者信号线延长，方便接地

2. 功能

（1）汽车故障诊断。

（2）五通道汽车专用示波器。

（3）数据流波形显示/存储/对比。

（4）打印功能。

本实训主要介绍读取车辆故障码、清除车辆故障码、读取车辆电脑型号，以及读取动态数据流等操作方法。

（二）认识面板及接口功能

KT600 型多功能智能诊断仪如图 1-10 所示，面板按键功能及背面各部分功能见表 1-2，各接口如图 1-11 和图 1-12 所示，功能见表 1-3 和表 1-4。

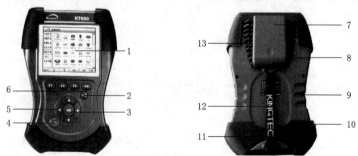

图 1-10　KT600 主机视图

（a）正面 ；（b）背面

表 1-2　　KT600 面板按键［图 1-10（a）］和背面各部分［图 1-10（b）］功能

序　号	项　目	说　明
1	触摸屏	TFT640×480，6. 4 寸真彩屏，触摸式
2	ESC	返回上级菜单，退出
3	OK	进入菜单，确认所选项目
4	⏻	电源开关
5	［▲］［▼］［▶］［◀］	方向选择键
6	F1　F2　F3　F4	多功能辅助键
7	打印盒	内装热敏打印机和 2000mAh 锂电池
8	打印机卡扣	按下打印机卡扣，滑出打印盒盖板，安装打印纸
9	手持处	凹陷设计更人性化，有利于手持使用
10	卡锁	锁住诊断盒（或示波盒），确保它们和仪器的连接
11	胶套	保护仪器，防止磨损
12	保护带	防止手持时仪器滑落
13	触摸笔槽	用于插装触摸笔

表 1-3　　　　　　　　　　KT600 上接口各部分功能

序　号	项　目	说　明
1	网口	直插网线可实现在线升级
2	PS/2	可外接键盘和鼠标，也可通过转接线转成串口和 USB 口
3	CF 卡	CF 卡插口
4	power	接这个端口给主机供电

表 1-4　　　　　　　　　　KT600 下接口（示波盒）各部分功能

序号	项目	说明	序号	项目	说明
1	CH1	示波通道 1	5	CH5	触发通道
2	CH2	示波通道 2	6	DIAG	有数据通信时该信号灯会亮
3	CH3	示波通道 3/触发通道（在三通道示波卡中）	7	DIAGNOSTIC	测试端口
4	CH4	示波通道 4	8	LINK	解码盒正确连接并通电后，该信号灯会亮

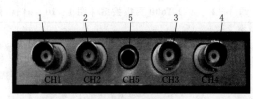

下接口视图(示波盒)

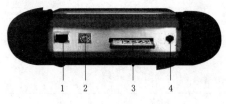

图1-11 上接口视图

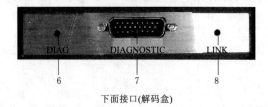

下面接口(解码盒)

图1-12 下接口视图

（三）主机供电方式

主机供电方式有5种，根据需要进行选择。

（1）交流电源供电。

（2）汽车电瓶供电。

（3）点烟器供电。

（4）通过诊断座供电。

（5）电池供电。

（四）任务模块功能

进入主界面后，有4大任务模块：

（1）汽车诊断功能。

（2）系统设置功能。

（3）示波分析仪功能。

（4）辅助功能。

（五）汽车诊断操作步骤

1. 一般测试条件

（1）打开汽车电源开关。

（2）汽车电瓶电压应为11～14V，KT600的额定电压为DC12V。

（3）节气门应处于关闭状态，即怠速结合点闭合。

（4）点火正时和怠速应在标准范围内，水温和变速箱油温达到正常工作温度（水温90～110℃，变速箱油温50～80℃）。

2. 选择测试接头和诊断座

KT600配有多种测试接头，可根据诊断界面的提示选择相应的测试接头。不同车型的诊断座位置会有不同，需找到正确的诊断座进行测试。

3. 设备连接

（1）将KT600诊断盒插入到诊断插槽，注意插入方向，将印有"UP"字样的一面朝上。

（2）确定诊断座的位置、形状，以及是否需要外接电源。

（3）根据车型及诊断座的形状选择相应的接头。

（4）测试延长线的一端插入 KT600 的测试口内，另一端连接测试接头。

（5）将连接好的测试延长线的测试接头插到车辆的诊断座上。

请一定要先连接好主机、测试延长线和诊断接头后，再将测试接头连接到诊断座上，否则会因导线短路而导致诊断座保险丝熔化，如图 1-13 所示。

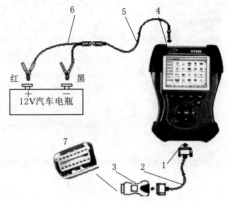

图 1-13 KT600 连接线图

1—KT600 测试口；2—测试延长线；3—专用测试接头；
4—KT600 电源接口；5—电源延长线；
6—双钳电源线；7—诊断座

4. 进入诊断系统

（1）连接好仪器接通电源，启动 KT600 进入主界面，如图 1-14（a）所示，选择汽车诊断模块，进入诊断系统，如图 1-14（b）所示。KT600 汽车诊断程序是以车型车标图形为按钮，点击某汽车相应的图标即可对该车进行诊断。

（a）

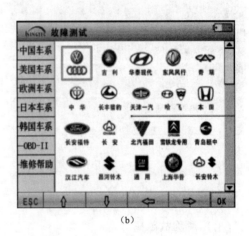

（b）

图 1-14 KT600 主界面

（a）主界面；（b）主菜单

（2）选择相应的车型图标进行车辆故障测试，如点击欧洲车系下的奥迪大众图标，屏幕显示该车型的诊断信息，如图 1-15 所示。V02.32 为当前仪器内该车型的诊断车型版本（根据测试版本的不同，该版本号在程序升级后会随之改变）。

（3）点击"选择系统"栏进入下一级操作界面，如图 1-16 所示。选择"01-发动机"选项，将显示汽车电脑版本号，如图 1-17 所示（部分车型会有多屏显示，可点击查看）。读取完汽车电脑版本号后，按任意键，进入系统诊断界面。

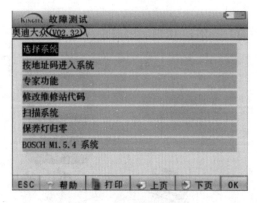

图1-15 诊断信息界面　　　　　　　　　　　　　　图1-16 选择01-发动机界面

（六）读取故障码

此项功能可以读取被测试系统ECU存储器内的故障代码，帮助维修人员快速地查到车辆故障。在系统功能选择菜单中选择"02-读取故障码"选项，系统开始检测计算机随机存贮器（ROM）中存贮的故障记忆内容，测试完毕后，屏幕显示出测试结果，如图1-18所示。通过滚动条滚动屏幕查看所有故障码信息，若所测试系统无故障码，则屏幕显示"系统正常"字样，选择【ESC】按键返回上一级菜单。

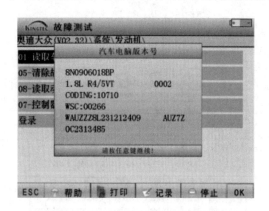

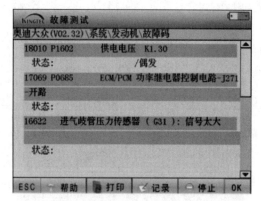

图1-17 显示电脑版本号界面　　　　　　　　　　　图1-18 读取故障码界面

（七）清除故障码

在系统功能选择菜单中选择"05-清除故障码"进入操作界面，如图1-19所示。此项功能可以清除被测试系统ECU内存储的故障代码，一般车型请严格按照常规顺序操作：先读故障码并记录（或打印），然后再清除故障码，试车、再次读取故障码进行验证，维修车辆，清除故障码，再次试车确认故障码不再出现。当前硬性故障码是不能被清除的，如果是氧传感器、爆震传感器、混合气修正、气缸失火之类的技术型故障码，虽然能立即清除，但在一定周期内还会出现。注意：必须彻底排除故障之后，故障码才不会再出现。

（八）读取动态数据流

在系统功能选择菜单选择"08-读取动态数据流"选项，进入操作界面。以奥迪大众为例，进入测试系统，仪器默认读取1、2、3组数据流，如图1-20所示，用户可以通过单击屏幕界面上的组号调节框顺序增减组号大小，选择不同的数据流组；或者可以直接点击组号框，利用界面弹出的小键盘输入具体的数据流组号。小键盘的使用方法：在选择的组号框里通过点击小键盘上的阿拉伯数字输入具体组号，【Del】键用作删除，【Enter】键用作确定，【ESC】键用作退出。利用此项功能，用户可以读取到任意组的动态数据流。（注意：数据流的含义，需要查阅原厂手册，否则只有数据而不知其义）。

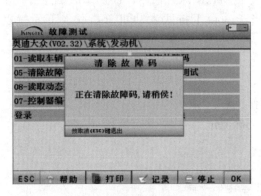

图1-19 清除故障码操作界面

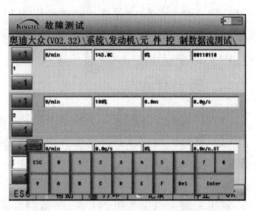

图1-20 读取动态数据流操作界面

五、实训注意事项

（1）在良好的通风条件下进行检测，如果没有足够的通风，则将汽车排气管接到室外。

（2）使用本仪器前，请详细阅读使用说明书。

（3）首次测试时，仪器可能响应较慢，请耐心等待，不要频繁操作仪器。

（4）当在发动机室内使用仪器，所有电源线缆、表笔和工具应远离皮带或其他运动器件。

（5）若显示屏闪烁后，程序中断或花屏，请关掉电源，重新开机测试。

（6）保证仪器和诊断座连接良好，以免信号中断影响测试。如发现不能正常连接，请拔下接头重插一次，不要在使用过程中剧烈摇动接头。

（7）使用过程中尽量不要摘下KT600的保护套，尽量将仪器放置于水平位置，屏幕水平朝上。

（8）使用连接线和接头时请尽量使用螺丝紧固，避免移动时断开和损坏接口。拔接头时请握住接头前端，切忌拉扯后端连接线。

（9）插拔打印机、诊断盒、示波盒时，请握紧主机，避免跌落。

（10）尽量轻拿轻放，置于安全的地方，避免撞击，不使用时请断开电源。

（11）使用完后注意将触摸笔插入主机背面的插孔中，将配件放回箱子以免丢失。

六、实训报告要求

归纳总结KT600型多功能智能诊断仪解码操作流程及使用注意事项。

实训四 汽车专用示波器的使用

汽车专用示波器在汽车进行故障诊断过程中，是必不可少的专用工具。KT600 示波器是高速五通道汽车专用示波器，具有以下功能：可以进行参考波形存储；汽车初级、次级点火波形分析；有纵列、三维、阵列、单缸等多种次级波形显示方式，并显示点火击穿电压、闭合角、燃烧时间等；精确的点火同步，自动检测点火信号极性，无论是分电器点火、独立点火、双头点火都能可靠检测，相当于一台手持式发动机分析仪。下面就以 KT600 示波器为例介绍其示波功能的使用。

一、实训目的

（1）掌握汽车专用示波器的基本功能和操作流程。
（2）熟练应用示波器对汽车各执行器进行正确测试。

二、实训仪器和设备

常用工具，汽车专用 KT600 示波器，正常运转车一辆。

三、实训前的准备

（1）将工位清理干净，准备好相关的工具和检测仪器。
（2）拉紧驻车制动器，并将变速器置于 N 或 P 挡。
（3）打开并可靠支撑机舱盖。
（4）粘贴翼子板和前脸护裙。
（5）安装转向盘套、换挡手柄套和座套，铺设地板垫等。
（6）准备好放置工量具的工作台等。

四、实训内容及步骤

（一）基本功能操作

1. 主菜单基本功能操作

在主界面上选择示波器分析仪，确认进入如图 1-21 所示菜单。

只要在 KT600 的菜单里按上、下方向键选择需要检测项目，按【OK】键可以进入下一级菜单，直到选择需要的测试项目，按【ESC】键可以返回上级菜单。

2. 调整方法

一般情况下，汽车专用示波器的波形显示不需要调整，当要做超出汽车专用示波器标准菜单以外的测试内容时，可以选择通用示波器功能，即需要掌握一定的调整方法，在汽车专用示波器测试过程中如果有相似菜单，调整方法也相同。

选择通用示波器，按【OK】键确认，如图 1-22 所示。屏幕上有 10 个选项：通道、周期、电平、幅值、位置、停止、存储、载入、光标、触发、打印和退出，以及 3 个功能选项：通道设置、自动设置和配置取存，按左右方向键可以对选择项目进行调整。

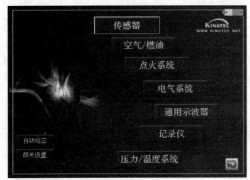
图 1-21　示波器主界面

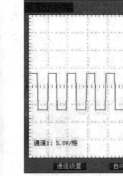
图 1-22　调整界面

（1）通道调整。按功能键键可以选择通道 1（CH1）、通道 2（CH2）、通道 3（CH3）和通道 4（CH4）任意组合方式，如图 1-23 所示。

（2）周期调整。选择周期调整，按上、下方向键可以改变每单格时间的长短。如果开机时设定的是 10ms/格，按下方向键则会变为 5ms/格，波形就会变稀；按上方向键则会变为 20ms/格，波形会变密。

（3）电平调整。对纵轴的触发电平进行调整，对于同一波形，选择不同的触发电平，波形在显示屏上的位置就会跟着变化。当触发电平的数值超出波形的最大、最小范围时，波形将产生游动，在屏幕上不能稳定住。

（4）幅值调整。按上、下方向键可以调整纵向波形幅值的大小，KT600 可以选择 1：0.5、1：1.0、1：2.5、1：5、1：10 和 1：20 这几种。

（5）位置调整。选择位置调整可以对波形的上下显示位置进行调整，按向上方向键，波形就会上移；按向下方向键，波形就会向下移动。

（6）触发方式调整。选择触发方式调整在高频（＜50ms/格）可以对波形的触发起点进行调整，使用功能键可以选择触发的方式：上升沿出发、下降沿出发和电平触发，如图 1-24 所示。

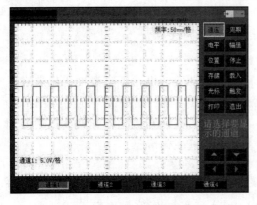
图 1-23　通道调整界面

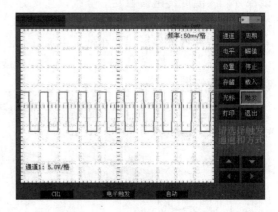
图 1-24　触发方式调整界面

（7）波形的存储和载入。存储波形时，直接点击"存储"功能键，打开窗口，然后输入文件名，单击"保存"按钮文件，即被保存，如图1-25所示。如果要载入波形，按"载入"功能键，选择相应的文件名即可载入刚存储的波形。

（8）传感器信源参数选择调整。在传感器菜单中可以通过选择信源参数调整所需要观察的通道的参数，如图1-26所示。

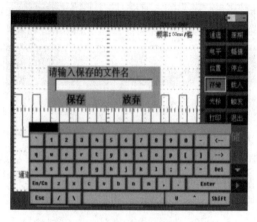

图1-25 波形的存储和载入界面

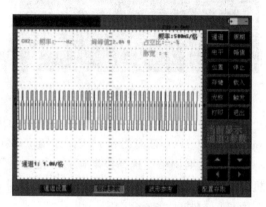

1-26 传感器信源参数选择调整界面

（二）示波器对各参数测试的方法

以温度传感器为例介绍具体波形测试方法和波形分析，帮助学习仪器的使用。

大部分的温度传感器采用的是负温度系数（NTC）热敏电阻，热敏电阻是用半导体材料做成的对温度的变化很敏感，当温度改变时其电阻值会随着有较大地改变。当温度上升时电阻会下降，反之则相反。

1. 连接设备

连接KT600和电源延长线，根据被测试车型的电瓶位置选择电瓶供电或者点烟器供电（本例以电瓶供电）。如果选择点烟器接头，请先确认点烟器是否有12V电压。将测试探头接入通道1（CH1端口），然后将测试探头上的小鳄鱼夹接蓄电池负极或搭铁，用测试探针刺入温度传感器触发信号线，连接方法如图1-27所示。

2. 测试条件

（1）打开点火开关，发动机不启动，温度传感器的连接线可靠，冷车测量温度传感器输出电压。

（2）启动发动机，观察温度传感器在暖机过程中电压下降的情况。

（3）也可以断开传感器连接线，用万用表测量电阻值变化情况。

3. 测试步骤

（1）按照图1-27所示连接好设备，打开KT600电源开关。

（2）在主菜单下按上、下方向键选择示

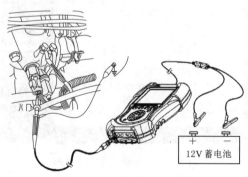

图1-27 连接设备示意图

波器，按【OK】键确认。

（3）在汽车专用示波器菜单下选择传感器，按【OK】键进入汽车传感器选择菜单。

（4）选择温度传感器，按【OK】键确认，根据测试条件，屏幕将会显示波形。

（5）必要时可以通过选择周期、幅值和电平等参数，然后按上、下方向键改变波形，也可以选择停止。冻结波形后，选择存储，保存波形供以后修车参考。

4．波形分析

参照制造商的规范手册，可以得到精确的传感器响应电压范围。通常冷车时传感器的电压应在 3～5V（全冷态），在不同的温度下应有相应的输出变化的电压信号。当温度传感器电路断路时，将出现电压向上直到参考电压值的峰尖（5V）；当温度传感器电路对地短路时，将出现电压向下直到接地电压值的峰尖。一般热敏电阻型冷却液及进气温度传感器的温度特性可参考图 1-28 所示，以车辆制造商手册为准。

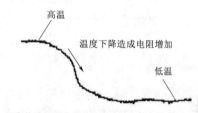

1.温度传感器通常是负温度系数热敏电阻(NTC)
2.温度传感器的读数通常是较长时间的结果

图 1-28　波形分析

五、实训注意事项

（1）在良好的通风条件下进行检测，如果没有足够的通风，则将汽车排气管接到室外。

（2）使用本仪器前，请详细阅读使用说明书。

（3）首次测试时，仪器可能响应较慢，请耐心等待，不要频繁操作仪器。

（4）当在发动机室内使用仪器，所有电源线缆、表笔和工具应远离皮带或其他运动器件。

（5）若显示屏闪烁后，程序中断或花屏，请关掉电源，重新开机测试。

（6）保证仪器和诊断座连接良好，以免信号中断影响测试。如发现不能正常连接，请拔下接头重插一次，不要在使用过程中剧烈摇动接头。

（7）使用过程中尽量不要摘下 KT600 的保护套，尽量将仪器放置于水平位置，屏幕水平朝上。

（8）使用连接线和接头时请尽量使用螺丝紧固，避免移动时断开和损坏接口。拔接头时请握住接头前端，切忌拉扯后端连接线。

（9）插拔打印机、诊断盒、示波盒时，请握紧主机，避免跌落。

（10）尽量轻拿轻放仪器，并置于安全的地方，避免撞击，不使用时请断开电源。

（11）使用完后注意将触摸笔插入主机背面的插孔中，将配件放回箱子以免丢失。

六、实训报告要求

归纳总结 KT600 示波器操作流程及使用注意事项。

实训五　汽车电路图及其识读

现代汽车电气设备装置越来越多,电气线路越来越复杂,而排除汽车电控系统故障的主要依据是汽车电路图,这就要求维修员能够读懂汽车电路图,了解线路走向和电气元件位置等多方面信息。各汽车制造公司由于所在国家法规及传统习惯的差异,绘制出的电路原理图虽风格各异,但识图原则相同。如能掌握典型车系电路图读图方法,对其他车系的电路图就可以触类旁通。

一、实训目的

(1) 了解汽车电路图的种类。

(2) 掌握识读电路图的基础知识和基本要领。

(3) 掌握常见车型原理图、线路图和线束图的识读方法。

二、实训仪器和设备

大众系列汽车电路图,通用系列汽车电路图,汽车线束,开关、熔丝盒、继电器及接线盒多只,以及大众系列汽车一辆和通用系列汽车一辆。

三、实训前的准备

(1) 汽车进入工位前将工位清理干净,准备好相关的工具和器材。

(2) 拉紧驻车制动器,并将变速器置于 N 或 P 挡。

(3) 打开并可靠支撑机舱盖。

(4) 粘贴翼子板和前脸护裙。

(5) 安装转向盘套、换挡手柄套和座套,铺设地板垫等。

(6) 准备好工作台放置线束、开关、熔丝盒、继电器盒、接线盒及电路图纸等。

四、实训内容及步骤

(一) 汽车电路图的种类

汽车电路图常见的种类有线路图、原理图和线束图 3 类。

1. 线路图 (又称电气布线图)

线路图是传统的汽车电路图表达方式,它将汽车电器在车上的实际的布置位置相对应地用外形简图表示在电路图上,再用线条将电路、开关及保险装置等和这些电器一一连接起来,如图 1-29 所示。电气布线图是在检测电控系统故障时,寻找电器元件和线束等在车上方位的主要依据,在日常的维修工作中使用率最高。

2. 原理图

电路原理图是用来表达电控系统各电气设备的机电细节和工作原理的图形,如图 1-30 所示。原理图电路简单、通俗易懂,电路连接控制关系清楚,是检测诊断时分析电控系统故障原因的主要依据,当遇到疑难故障时使用率较高。

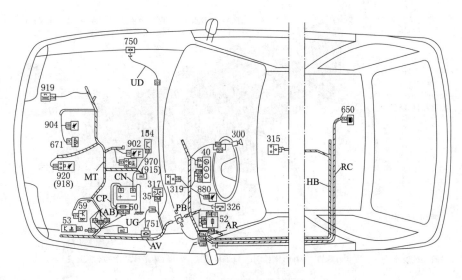

图 1-29　常见汽车线路图

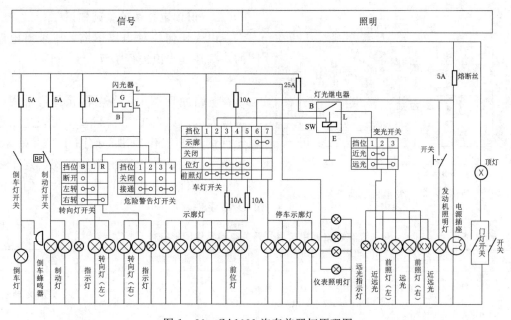

图 1-30　CA1091 汽车前照灯原理图

3. 线束图

线束图主要表明电线束与各电器的连接部位、接线柱的标记、线头、插接器（连接器）的形状及位置等，安装操作人员只要将导线或插接器按图上标明的序号，连接到相应的电器接线柱或插接器上，便完成了全车线路的装接。该图有利于安装与维修，它是人们在汽车上能够实际接触到的汽车电路图，如图 1-31 所示，也是引导人们在车上查找电控系统故障部位和故障原因的主要依据。

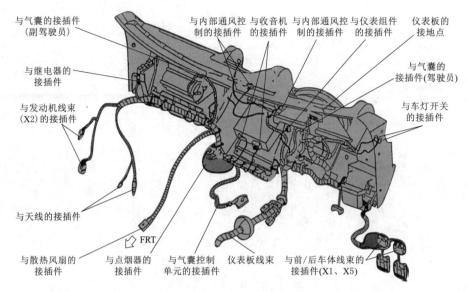

图 1-31 线束图

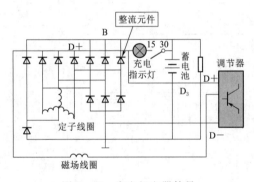

图 1-32 发电机电器符号

（二）识读电路图的基础知识

在识读任何一种电路图前，必须对电路图的一些基础知识进行了解。

1. 电器符号

在电路原理图中，各电器元件均采用图形符号表示，见表 1-5。某些图可表达出电器元件的内部工作原理，如图 1-32 所示，从图中可以清楚地识别出磁场线圈、定子线圈、整流元件、电压调节器，以及它们之间的线路连接。

表 1-5　　　　　汽车电路图中常用的开关电器元件图形符号

序号	图形符号	名　称	序号	图形符号	名　称
1		旋转、旋钮开关	4	t°	热敏开关动合触点
2		液位控制开关	5	t°	热敏开关动断触点
3	OP	机油滤清器报警开关	6		热敏自动开关动断触点

续表

序号	图形符号	名　称	序号	图形符号	名　称
7	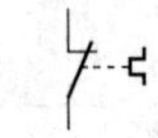	热继电器触点	17	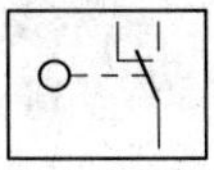	节流阀开关
8	 0 1 2	旋转多挡开关位置	18	 BP	制动压力控制
9	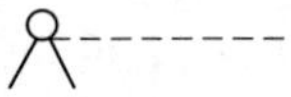	钥匙操作	19		液位控制
10	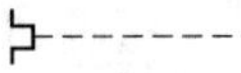	热执行器操作	20	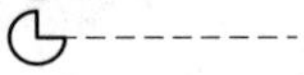	凸轮控制
11	 t°	温度控制	21	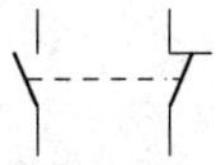	联动开关
12	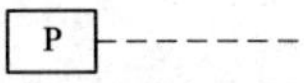 P	压力控制	22	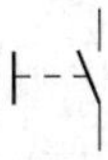	手动开关的一般符号
13	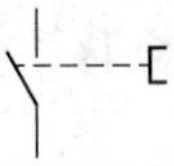	拉拔开关	23	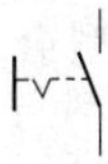	定位（非自动复位）开关
14	 0 1 2	推拉多挡开关位置	24	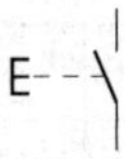 E	按钮开关
15	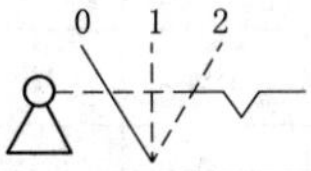 0 1 2	钥匙开关（全部定位）	25	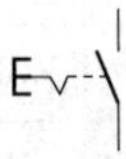 E	能定位的按钮开关
16	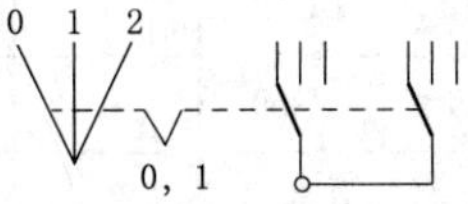 0 1 2　0, 1	多挡开关，点火、启动开关，瞬时位置为2能自动返回至1（即2挡不能定位）			

2. 接线端子表示符号

（1）在电控单元各端子处写出较详细说明文字，如图1-33（a）所示。

（2）在电控单元各端子处有缩略语、字母或数字，一般在附表中对各端子进行说明，如图1-33（b）所示。

（3）简单绘出电控单元各端子的内部电路，如图1-33（c）所示。

以上3种方法都要结合电控单元端子外部的电路进行分析，以最终明确各端子的作用。

3. 导线标注

为了便于在线束中查找导线，电路原理图中一般要对导线的线径、颜色甚至所属的电气系统做出标注。

（1）线径：一般用数字表示，数字大小代表导线的横截面积（单位：mm²）。

27

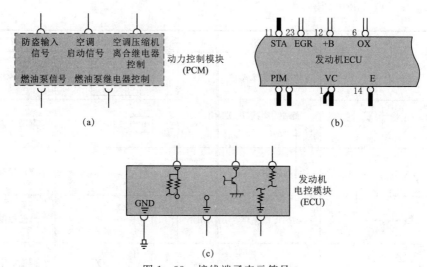

图 1-33 接线端子表示符号

(a) 通用电控模块插脚;(b) 丰田模块插脚;(c) 三菱电控模块插脚

(2)导线颜色:一般用字母做代码,见表1-6。

由于日久或高温会使导线绝缘层老化、褪色,此时,黄、白、粉、灰不易分辨,蓝、绿也易混淆,所以某些车型会在导线绝缘层上印刷出颜色代码,以便查找导线。

表 1-6 主要汽车公司导线颜色代码

颜色	全称	丰田	本田	通用	福特	克莱斯勒	宝马	奔驰	三菱	米切尔
黑色	black	B	BLK	BLK	BK	BK	BK	SW	B	BLK
棕色	brown	BR	BRN	BRN	BR	BR	BR	BR	BR	BRN
红色	red	R	RED	RED	R	RD	RD	RT	R	RED
黄色	yellow	Y	YEL	YEL	Y	YL	YL	GE	Y	YEL
绿色	green	G	GRN	GRN	GN		GN	GN	G	GRN
蓝色	blue	L	BLU	BLU	BL		BU	BL	L	BLU
紫罗兰色	violet	V				VT	VI	VI	V	VIO
灰色	grey	GR	GRY	GRY	GY	GY	GY	GR	GR	GRY
白色	white	W	WHT	WHT	W	WT	WT	WS	W	WHT
粉红色	pink	P	PNK	PNK	PK	PK	PK		P	PNK
橙色	orange	O	ORN	ORN	O	OR	OR		O	ORN
褐色	tan			TAN	T	TN	TN			TAN
本色	natural				N					
紫红色	purple			PPL	P					PPL
深蓝色	dark Blue			DKBLU		DB				DKBBLU
深绿色	dark Green			DKGRN		DG				DKGRN

续表

颜色	全称	丰田	本田	通用	福特	克莱斯勒	宝马	奔驰	三菱	米切尔
浅蓝色	light Blue			LTBBLU		LB			SB	LTBLU
浅绿色	light Green			LTGRN		LG			LG	LTGRN
透明色	clear			CLR						CCLR
象牙色	ivory							EI		
玫瑰色	rose							RS		

4. 缩略语

由于电路图幅面有限，各元器件的注释大量采用缩略语。缩略语可查阅英汉汽车缩略语词典，也可从该电路图所在的说明书上了解图中缩略语的含义。

5. 接线柱标注

接线柱赋有一定含义时，不用知道电器的内部结构，也能知道各接线柱的用途。德国在 1971 年 3 月制定了关于汽车电器接线柱的国家标准 DIN725527，其中基本标志 59 个，带下标的标志 100 个，常用标志 30 个。常用代码见表 1-7。我国参照德国标准制定了汽车行业标准《汽车电器接线柱标记》（QC/T 423—1999）。

表 1-7　　　　　　　　　德 国 车 型 接 线 代 码

端子	说　　明	端子	说　　明
1	点火线圈负极端（转速信号）	86	继电器电磁线圈供电端
4	点火线圈中央高压线输出端	87	继电器触电输入端
15	点火开关在 ON、ST 时的有电接线端	87a	当继电器线圈没有电源时，继电器触电输出端
30	接蓄电池正极接线端，还用 31a、31b、31c、…表示	87b	当继电器线圈有电流时，继电器触电输出端
31	接地端，接蓄电池负极	88	继电器触电输入端
49	转向信号输入端	88a	继电器触点输出端
49a	转向信号输出端	B+	交流发电机输出端
50	启动机控制器，当电火开关在"START"时，有电刮水器电动机接电源正极端	B-	交流发电机输出端，接蓄电池正极
53	刮水器电动机接电源正极端	D+	发电机正极输出端
53a-c	其他刮水器电动机接线端	D	同 D+
54	制动灯电源端	D-	接地，接蓄电池负极
56	前照灯变光开关正极端	DF	交流发电机励磁电路的控制端
56a	远光灯接线端	DYN	同 D+
56b	近光灯接线端	E	同 DF
58	停车灯正极端	EXC	励磁端，同 DF

续表

端子	说　　明	端子	说　　明
61	发电机接充电指示灯端	F	励磁端，同 DF
67	交流发电机励磁端	IND	指示灯，同 61
85	继电器电磁线圈接地端	*	辅助的正极输出

（三）识读要领

（1）电路按其作用来分，可分为电源电路、接地电路、信号电路、控制电路。

（2）直接连接在一起的导线（也可经由熔丝、铰接点连接）必具有一个共同的功能，如都为电源线、接地线、信号线、控制线等。即凡不经用电器而连接的一组导线，若有一根接电源或接地，则该组导线都是电源线或接地线。与电源正极连接的导线在到达用电器之前是电源电路，与接地点连接的导线在到达用电器之前为接地电路。

（3）在分析各条电路（电源电路、信号电路、控制电路、接地电路等）的作用时，经常会用到排除法判断电路，即对不易判断功能的电路，通过排除其不可能的功能来确定其实际功能。如分析某一具有三根导线的传感器电路时，已经分析出电源电路、接地电路，则剩余的电路必然为信号电路。

（4）注意各元器件的串、并联关系，特别要注意几个元器件共用电源线、共用接地线和共用控制线的情况。

（5）传感器经常共用电源线或接地线，但决不会共用信号线。执行器会共用电源线、接地线或控制线。

总之要纵观"全车"，眼盯"局部"，由"集中"到"分散"。抓住"开关"所控制的"对象"，寻找电流的"回路"控制对象的"通路"。

（四）电路图识读

1. 电路原理图的识读方法

（1）判断该电器系统的控制方式，若属于电子控制系统，则要把该系统的线路分成 3部分，即电控单元与电源的连接电路、信号输入电路，以及执行器工作电路。

若该用电器电路中使用了继电器，则要区分主电路及控制电路。

（2）识图从用电器入手。在电路图中，从其他部分处入手，不利于掌握各电器的工作原理。而从用电器入手，很容易把与之相关的控制器件查找出来。

（3）运用回路原则。通过运用回路原则，找出用电器与电源正负极构成的回路。

2. 汽车线束图、电器定位图的识读方法

（1）线束图。线束是电路的主干，通过连接器、铰接点与车内电器或车体连接，如图1-31所示。从线束图中可了解线束的走向及线束各部连接器的位置。

（2）电器定位图的识读方法。电器定位图可显示用电器、控制器件、连接器、接线盒、熔丝盒、继电器盒等在车上的具体位置，如图1-34所示，可以帮助人们准确地找到各电器元件在车上的安装位置。

3. 连接器的插脚排列图

连接器是一个连有线束的插座，是电路中线束的中继站。连接器上往往有多个插脚，

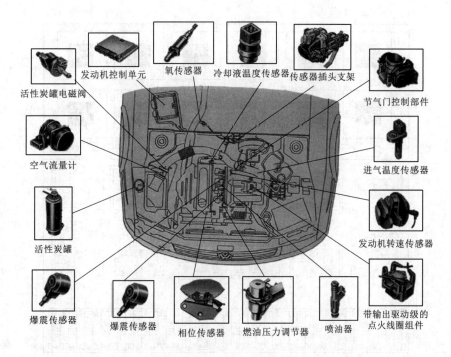

图 1-34　桑塔纳汽车各管理系统各组件的安装位置图

所以必须通过插脚排列图来明确各插脚的连接，如图 1-35 所示，从而追踪各条进入该连接器的导线。

4. 继电器盒、熔丝盒及接线盒的内部线路图

为便于检修，熔丝、继电器及导线的铰接点往往集中安装在熔丝盒、继电器盒及接线盒中。在读图时先从电器定位图了解各盒在车上的安装位置后，再通过各盒的内部线路图了解盒内的连接关系，如图 1-36 所示。许多车上把这 3 种盒组合在一起成为熔丝/继电器盒、中央接线盒等。

综上所述，先掌握了电路工作原理，再根据图上的电器代码，综合查阅各定位图，即可确定电器及导线在车上的位置。

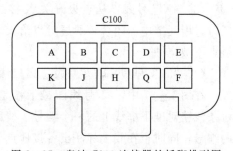

图 1-35　奥迪 C100 连接器的插脚排列图

（五）识读电路图举例

下面以大众车系及通用系列汽车电路图为例介绍具体读图方法。

【例 1-1】　大众车系电路图识读，如图 1-37 所示。

大众车系电路图特点是图上部的区域表示汽车的中央接线盒的熔丝与继电器。该区域内部水平线为接电源正极的导线，有 30、15、X、31 等。

（1）"30"号线，是直接与蓄电池正极相接的火线。

（2）"15"号线，是从点火开关 15 接线柱引出、受点火开关控制的火线。当点火开关

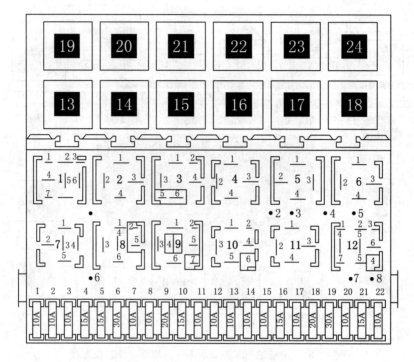

图1-36　总接线盒正面布置图

处于"ON"及"START"挡时有电，可给小功率用电器供电。

(3)"X"号线，从点火开关X接线柱引出，当点火开关接至"ON"或"START"挡时，中间继电器闭合，通过触点给大功率用电器供电。受点火开关控制，保护点火开关触点不被烧蚀。

(4)"31"号线，与车身及金属机体相接的搭铁线，为接地线。

在图1-37中，31号线图最下端是标注图中各线路位置的编号，各线路平行排列，每条线路对准下框线上的一个编号。线路如中断，断口处标注与之连接的另一段线路所在的编号，同时也在线上标注出各接地点。所有电器件均处于图中间的位置。图中起连接作用的细实线表示接线柱、接线铜片及铰接等的非导线连接方式。

• ①：接地点，在发动机控制单元旁的车身上。

• A2：正极接线，在发动机线束内。

• T8a：发动机线束与发动机右线束插头连接，8针，在发动机中间支架上。

• C2：在发动机右线束内。

• S123：喷嘴、空气计量计、AKF阀、氧传感器加热元件熔丝。

• N30：第一缸喷油器。

• N31：第二缸喷油器。

• N32：第三缸喷油器。

• N33：第四缸喷油器。

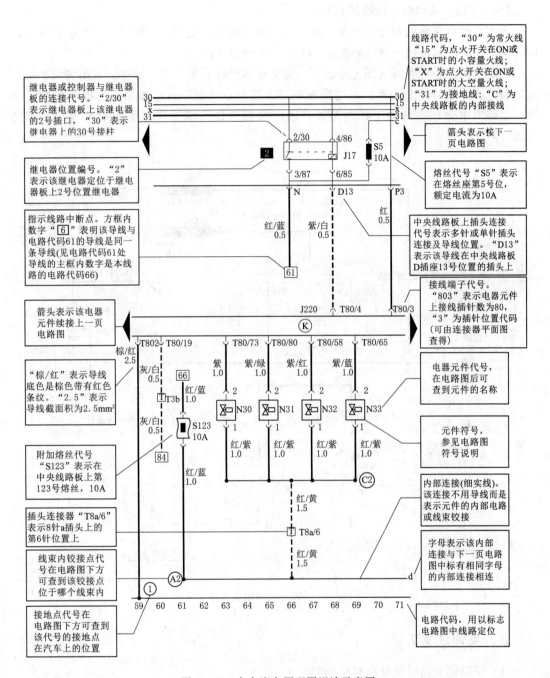

图 1-37　大众汽车原理图识读示意图

• T80：发动机线束，发动机右线束与发动机控制单元插头连接，80针，在发动机控
制单元上。

• J220-Motroic：发动机控制单元。

• S5：燃油泵熔丝。

【例 1－2】 通用汽车电路图识读。

通用车型电路图通常分为 4 类：图 1－38 所示电源分配简图、图 1－39 所示系统电路图、图 1－40 所示接地线路图和图 1－41 所示熔丝盒详图。

系统电路图中电源线从图上方进入，通常从熔丝处开始，并于熔丝上方用黑线框标注此处与电源之间的通断关系；用电器在中部，接地点在最下方。如果是由电子控制的系统，电路图中除该系统的工作电路外，还会包括与该系统工作有关的信号电路（如传感器等）。

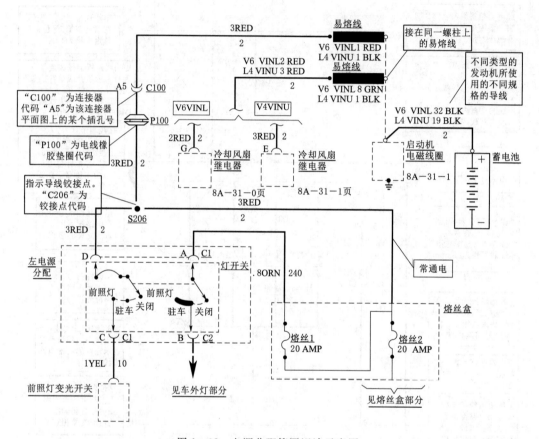

图 1－38 电源分配简图识读示意图

五、实训注意事项

（1）牢记电器图形符号和回路原则。

（2）熟记电路标记符号。

（3）善于请教他人和使用资料。

（4）注意各元器件的串、并联关系，特别要注意几个元器件共用电源线、共用接地线和共用控制线的情况。

（5）无论主电路还是控制电路，往往都不止一条。

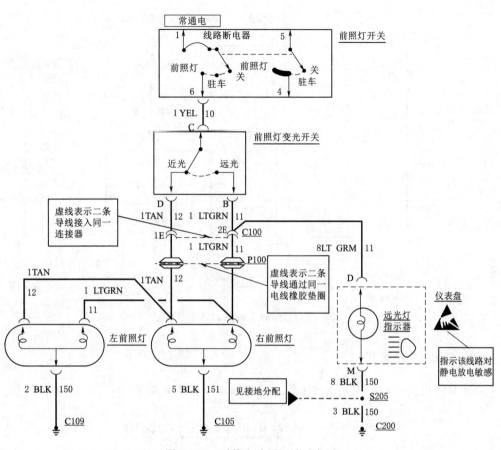

图 1-39 系统电路图识读示意图

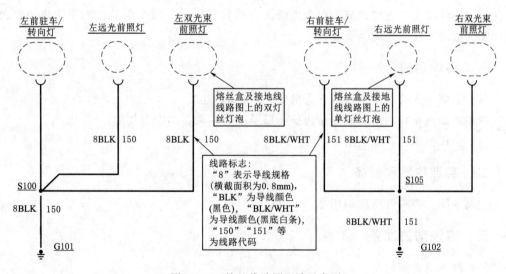

图 1-40 接地线路图识读示意图

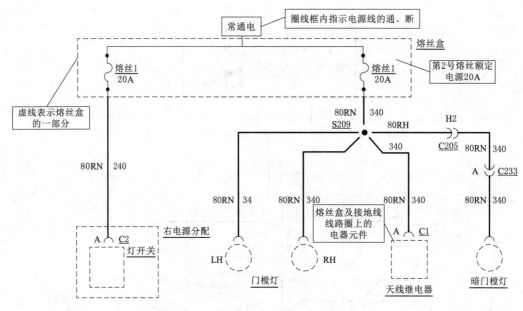

图 1-41 熔丝盒详图识读示意图

六、实训报告要求

归纳总结电路图的种类,识读电路图的基础知识和基本要领。

实训六 汽车电器检测安全知识

安全是人类最重要、最基本的需求,是人的生命与健康的基本保证,那么如何保障自己在劳动中的安全,就应该成为每个维修人员的自觉行动。汽车电器检测安全也不例外,因此掌握检测安全知识尤为重要。

一、实训目的

(1) 了解个人安全准则及维修人员安全防护的方法。
(2) 熟知汽车检测工间的安全防护,以及工具和设备的安全使用。
(3) 能按要求进行安全防护。

二、实训仪器和设备

实训工间,各种安全防护用品。

三、实训前的准备

(1) 汽车电器实训室。
(2) 准备好相关的安全防护用品及资料。

四、实训内容及步骤

(一) 个人安全准则

维修检测人员在进行维修检测操作时要遵守以下准则。

1. 掌握信息

在使用各种设备前要认真学习产品标签或说明书上的使用方法和注意事项，切忌盲目操作和违反操作规程进行作业。

2. 佩戴个人防护用具

按防护要求佩戴安全防护用具，并保证防护用具性能可靠。

3. 合理使用压缩空气

用压缩空气枪吹洗车门的侧壁和其他难以达到的地方时，应当戴上护目镜和防尘面具。不要用压缩空气吹身上的灰尘，免得压缩空气的压力把铁屑等杂质溅起伤及人体。

4. 规范金属处理过程

金属的处理剂含有磷酸，吸入这种化学物质或皮肤、眼睛接触到这种物质，会引起发炎。所以在使用这些材料时，要佩戴安全镜、穿工作服、戴橡胶手套及气体呼吸保护器。

5. 保证场地安全

在工作场地不允许追逐、打闹。工作区的许多设备、工具，以及气和电的管路、线路都存在潜在的危险，可能对人员、物品有危害。在搬运物品时候，一定要尽量借助一些设备进行搬运、提升或移动，尽量减少扭伤或砸伤。

(二) 维修检测人员身体防护知识

1. 呼吸系统和肺部的防护

(1) 供气式呼吸器，主要由一个透明的护目镜、外接气源软管和兜帽等组成。使用时，干净可呼吸的空气通过软管从一个单独的气源泵送到面罩或头盔中，供人呼吸。在喷涂作业时，采用供气式呼吸器，防护效果好。

(2) 滤筒式呼吸器。滤筒式呼吸器由橡胶面罩、预滤器、滤筒、进气阀和出气阀等组成。橡胶面罩用来保证贴合脸部轮廓，保证气密性。可更换的预滤器和滤筒，能够清除空气中飞散的溶剂和其他蒸气。进气阀、出气阀保证所有吸入的空气都通过过滤器，图1-42为带面罩和不带面罩的滤筒式呼吸器。

(3) 焊接用呼吸器。在进行镀锌钢材进行焊接时，产生的焊接烟尘和锌蒸气会对人体产生很大的伤害。焊接用呼吸器就是在呼吸器上有一个特殊的滤筒，来吸收焊接产生的烟尘。

(4) 防尘呼吸器。防尘呼吸器一般是用多层滤纸制作的纸质过滤器，价格较低，它的作用是阻挡空气中的微尘和粉尘进入人的鼻腔、咽喉、呼吸道和肺部。在进行打磨、研磨或用吹风机吹净操作时，都会产生大量的粉尘等，维修员应佩戴防尘呼吸器。防尘呼吸器是加了过滤层的口罩。

2. 头部的防护

在作业过程中，由于维修员时常在车下或者车厢内进行作业，若不小心可能会造成头部损伤，还会因为粉尘、油污等造成头发污染或不清洁，因此要注意头部的防护。维修员

图1-42 带面罩和不带面罩的滤筒式呼吸器

在进行维修作业时要戴上安全帽,在车下作业或者拉伸校正操作时要戴上硬质的安全帽。同时,头发不要过长,工作时要把头发放入安全帽中。

3. 耳朵的防护

维修员在作业过程中,经常使用气动錾、气动锯等切割工具,还经常对钣金件进行敲打、打磨等操作,这些都会产生高分贝的噪声,容易对耳朵产生伤害,因此进行上述工作时,要佩戴耳塞或耳罩以加强耳朵的防护。

4. 眼睛和面部的防护

如果佩戴的防护呼吸器不带面罩,就应该在大多数维修操作时佩戴防护眼镜、面罩等装置,以保护眼睛和面部。

防护眼镜能在锤击、钻孔、磨削和切削等操作时,防止飞屑击伤面部或眼睛。

在进行焊接作业时,应佩戴有深色镜片的头盔或护目镜,头盔能保护面部免受高温、紫外线或融化的金属灼伤,深色镜片能保护眼睛免受电焊弧光的伤害。

5. 身体的防护

在车间应穿着合格的连体工作服,不能穿宽松的衣服、没系袖口扣子的衬衫,不能佩戴饰物。衣物应远离运动和运转的部件,宽松、下垂的衣物容易被绞入运动部件,造成人体伤害。

6. 手、腿、脚的防护

在焊接作业时,应戴上皮质的手套,防止焊接熔化的金属烫伤手臂。

如果经常跪在地上进行操作的话,最好佩戴护膝,以保护膝盖,防止膝盖损伤。工作时最好穿安全鞋,不能穿凉鞋和拖鞋。安全鞋鞋头有金属片,可以防止重物下落砸伤脚;安全鞋还有防滑和绝缘的功能,可以防止滑倒和触电事故的发生。

(三)汽车维修检测车间的安全

1. 驾驶车辆的安全

(1)小心驾驶。不要让无驾驶证照的人驾驶车辆。车辆在车间移动时,要在车间内规定的固定路线行驶。

(2)注意观察。在车间移动车辆时,应查看各个方向,在确保没有人或物品挡住道路时,才可行驶车辆。

(3)车辆安全停靠。确认点火开关置于关闭位置。

（4）驾驶员自身保护。

2. 消防安全

燃烧的 3 个基本要素是热量（温度）、易燃物、氧气。只要这 3 个要素中有一个缺失就能熄灭火焰，阻止火灾的发生。

在车间一般要配备水龙头、防火沙、灭火器等消防设施。

灭火器应该定期进行检查、定期重新加注灭火剂。灭火器要摆放在车间的固定位置，并设有明显的标志。

多用途干粉灭火器可扑灭易燃物、易燃液体和电器火灾。车间应配备足量的多用途的干粉灭火器，并保证其性能完好。

3. 电器安全

经常使用电动工具，利用交流电的时候较多。为了保证用电安全，在维修和使用设备和工具时，必须先断开电源，否则会有电击危险，严重的可能造成人员死亡。

应该确保电动工具和设备的电源线正确接地。如果电源线中的接地插头断裂，则应更换插头后再使用工具。在使用过程中，必须保持地面干燥，发现有导线漏电应及时进行修复或更换。

仔细阅读设备和工具的使用说明书，正确进行导线连接，按说明书的要求使用。

4. 安全使用工具和设备

（1）手动工具的安全。一般的手动工具，如扳手、螺丝刀、榔头等工具，若操作使用不当都有可能伤及自己或他人，或损坏零件。

1）使用螺丝刀用力不当，就可能滑出戳伤自己扶持零件的另一只手。

2）如果手握扳手的姿势和用力不当，手就可能拉滑，碰在机件上，使手受伤。

3）榔头使用不当，就可能滑落、敲在自己扶持零件的另一只手上。若手上有油污，榔头可能飞出伤及他人，或砸坏零件或机件。

（2）电动工具的安全。电动、液压、压缩空气等作为力源驱动的工具，其安全非常重要，稍不小心，就会造成对人的伤害，甚至损伤严重。

1）电动工具在使用前要检查导线绝缘有无破损、线芯有无裸露。

2）不能在潮湿的环境中使用和存放电动工具。

3）机械连接和夹具应无故障。

4）电动工具不能超过额定功率使用。

五、实训注意事项

（一）举升安全注意事项

1. 使用千斤顶举汽车时注意事项

千斤顶上部顶块必须顶在车架或汽车厂家指定的位置，否则易造成对汽车的损坏；当千斤顶顶起的时候，切忌不能进入汽车下方，车里也不能有人；如要进入汽车下方作业，必须要使用安全凳（安全支架），安全支架也必须安装到指定的支撑点；必须使用有足够承载能力的安全支架，以确保安全。

2. 使用举升机时注意事项

（1）使用前应清除举升机附近妨碍物、作业的器具及杂物，并检查操作手柄是否正常、操作机构灵敏有效。液压系统不允许有爬行现象。

（2）支车时，4个支角应在同一平面上，调整支角胶垫高度，使其接触车辆底盘支撑部位，如图1-43所示。

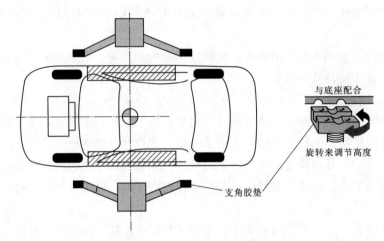

与底座配合

旋转来调节高度

支角胶垫

图1-43　调整支角胶垫高度

（3）待举升车辆驶入后，应将举升机支撑块调整移动对正该车型规定的举升点。

（4）支车时，车辆不可支的过高，支起后4个托架要锁紧。

（5）举升时人员应离开车辆，举升到需要高度时，必须插入保险锁销，并确保安全可靠才可开始车底作业。

（6）举升器不得频繁起落。

（7）支车时举升要稳，降落要慢。

（8）有人在汽车上或汽车下作业时，严禁升降举升机。

（9）发现操作机构不灵，电机不同步，托架不平或液压部分漏油，应及时报修，不得带病操作。

（10）作业完毕应清除杂物，打扫举升机周围，以保持场地整洁。

（11）定期（半年）排除举升机油缸积水，并检查油量，油量不足应及时加注相同牌号的压力油。同时应检查润滑、举升机传动齿轮及缝条。

（12）举升机不能超载运行，必须核定被举升汽车的质量和举升机铭牌规定的举升能力。

（13）只有经过培训和授权的人员才能进行汽车定位和操作举升机。

（二）汽车的开动与发动机运行安全时注意事项

1. 汽车的开动

（1）在汽车修理厂开动车辆时，必须要有授权才允许移动汽车，没有得到授权的员工是绝对不允许移动车辆的。

（2）移动车辆过程中安全第一，必须遵守交通法规、安全操作规程；启动车辆前必须检查车辆的性能，特别是制动能力；需要检查发动机、车下无人作业及车下无工具零件等。

（3）车辆在运行过程中要注意周围的人员、障碍物；行进缓速，场内车速不超过8km/h（试车除外），车间内车速不超过4km/h。

（4）不能在规定的不准试制动的区域试刹车。

2. 发动机的运行

（1）需要启动发动机，在启动前必须先确认能够被启动，线路连接正确、完全，已经加注了油和水，车下无人操作。

（2）车轮应用挡块挡住，拉紧手制动，手动变速器挂在空挡，自动变速器置于驻车挡（P挡）；车前和车后尽量不要有人站立；将车窗玻璃摇下。

（3）更重要的是在车间通风良好的条件下才能启动发动机，否则将容易引起一氧化碳中毒。如车间里安装有废气通风系统，应先要将通风系统的软管连接到汽车的排气尾管上，并确认废气通风系统已经开始工作，才能启动发动机。

（三）工作场地的安全注意事项

（1）工作场地应保持干净、清洁、干燥、有序。

（2）地面有机油、油脂、冷却液、水等容易造成地面溜滑，稍有不慎，很容易导致人员摔倒，水迹易造成导电。

（3）车间内、地面上保持清洁，物品摆放有序，通道和过道无废物乱扔，摆放无序容易造成踢拌和摔伤，影响操作安全。

（4）易燃、易爆物品的管理。

1）汽油是一种极易挥发的液体，燃点极低，当在空气中达到一定浓度时，遇火极易燃烧或爆炸，潜在的危险性相当大，必须按规定保管和使用。

2）各种溶剂按规定保管和使用，否则容易产生燃烧、爆炸和腐蚀等伤害。存储这些物质的存储间还应当有良好的通风。

3）使用和存储易燃、易爆的物品时周围不应有火花产生，严禁吸烟。

（5）灭火器材管理与使用。

1）灭火器是重要的消防器材，必须熟悉灭火器的类型、火险的类别和使用方法等。

2）使用灭火器械的方法步骤如下：

a. 从灭火器的手柄上拔出销子。

b. 将灭火器的喷口对准火焰根部。

c. 按下手柄。

d. 使喷口来回摆动，扫过整个火焰。

e. 发生火险时两件必须做的事情是：初期扑救和报火警（打电话给119）。

六、实训报告要求

归纳总结实训安全知识及注意事项，特别是要防止人身事故。

导入案例

2018 级黄同学为培养实干精神和劳动意识，在大学期间，一直利用暑假时间到 4S 店和汽修厂积累汽修实践经验。2021 年 8 月，一辆大众速腾进店维修，故障现象为：车辆停放 5 天后，启动机运转无力，无法启动发动机。

经检查，蓄电池外观完好，无漏液和正负极桩头松动、氧化等现象。用蓄电池检测仪检测，显示电池健康状况良好。此外，启动机运转正常。车辆工作时，万用表测得发电机发电电压为 14.36V，表明充电系统也能正常工作。通过故障诊断仪检测，无故障码。排除以上众多故障可能原因之后，怀疑蓄电池存在自行放电故障（设备或电路漏电）。熄火锁车 15min 后，测得蓄电池静态放电电流为 0.38A，由此可确定蓄电池存在自行放电故障，最终通过逐个拔保险丝法确认漏电设备为收音机导航模块。故障排除后，再测蓄电池静态放电电流为 0.04A，属于正常范围，车辆恢复正常。

在整个检修过程中，黄同学思路清晰，工作严谨，多次排除可能原因，才最终确定了故障位置，展现出了黄同学不急躁、精益、专注的工匠精神和劳动意识。

该案例只是他维修经历的一个缩影。黄同学在大学期间能够坚持利用暑假积累社会劳动经验，也展现了他务实和注重实践的良好品质。

实训一　蓄电池性能检测与充电

蓄电池是汽车必不可少的电源设备，在汽车启动时要在短时间内（5～10s）为启动机提供一个大电流（200～600A），其性能的好坏直接影响发动机的启动。因此要求其性能指标必须符合要求，检测其性能、保证充足电量是十分重要的内容。

一、实训目的

（1）了解蓄电池的常规检查。
（2）掌握蓄电池性能的检测方法。
（3）掌握蓄电池的充电方法。

二、实训仪器和设备

正常运转车一辆。充电机、翼子板护罩、护目镜、卡子拆卸钳、电极桩拉拔器、钢丝刷、电极桩与卡子清洁器、数字电压表、VAT - 40 检测仪，常用工具一套、万用表、电解液密度计、温度计、高率放电计、玻璃棒及吸管、盛水容器、蓄电池线若干、适量凡士林、润滑脂、蒸馏水、密度为 $1.835g/cm^3$ 的浓硫酸。

三、实训前的准备

（1）清理干净工位，汽车进入，拉紧驻车制动器，并将变速器置于 N 或 P 挡，准备好相关的工具和器材，以及相应的维修手册及资料。

（2）安装转向盘套、换挡手柄套和座套，铺设地板垫等。

（3）准备工作车和零件盒，以备放置工具及零件。

四、实训内容及步骤

（一）蓄电池的常规检查

1. 外部检查

检查蓄电池封胶有无开裂和损坏，极柱有无破损，壳体有无泄漏，否则应修复或更换。然后用温水清洗蓄电池外部的灰尘泥污，再用碱水清洗，如图 2-1 所示。清洗后疏通加液盖通气孔，用钢丝刷或极柱接头清洗器除去极柱和接头的氧化物并涂一层薄薄的工业凡士林或润滑脂，如图 2-2 所示。

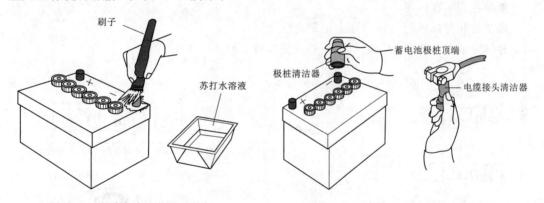

图 2-1 用碱水清洗蓄电池外部　　　　图 2-2 极柱接头清洗器清洗氧化物

2. 电解液液面高度检查

用内径为 4~6mm、长度约 150mm 的玻璃管检测电解液液面高度。要求液面高出极板上沿 10~15mm，如图 2-3 所示。对于半透明式蓄电池，液面应位于最高和最低液面标记之间，如图 2-4 所示。液面过低时，应补加蒸馏水，液面过高时，应用密度计吸出部分电解液。

3. 电解液密度检查

用光学检测仪测量步骤如下：

（1）打开盖板，用玻璃棒将电解液适量滴在棱镜面上，如图 2-5（a）所示。

（2）合上盖板，将仪器前端朝向明亮处，如图 2-5（b）所示。

（3）然后从目镜处观察，视场中半蓝色明暗分界线所切刻度即为电解液密度值读数，如图 2-5（c）所示。

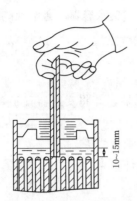

图 2-3 电解液液面高度检查　　　　图 2-4 电解液液面标记

（4）检测完毕之后，用含水棉纱将棱镜表面和盖板上的试液擦干净，如图 2-5（d）所示。

测量的相对密度，应符合技术标准（表 2-1）。密度过低时，应予以调整。

免维护蓄电池多数设有内装式密度计（充电状态指示器），根据指示器的颜色判定蓄电池状态，如图 2-6 所示。

●绿色表示存电足。

●变黑和深绿色时，说明存电不足，应予以充电。

●显示淡黄色或者无色透明时，必须更换蓄电池。

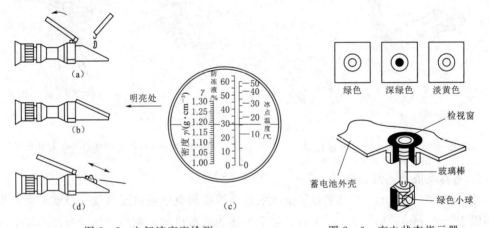

图 2-5 电解液密度检测　　　　　　图 2-6 充电状态指示器

表 2-1　　　　　　　　　　　　　　电 解 液 相 对 密 度

气候条件	充足电时电解液相对密度/(g/cm³)	放电时电解液相对密度/(g/cm³)			
		放电 25%	放电 50%	放电 75%	全放电
冬季气温低于-40℃地区	1.31	1.27	1.23	1.19	1.15
冬季气温高于-40℃地区	1.29	1.25	1.21	1.17	1.13
冬季气温高于-20℃地区	1.27	1.23	1.19	1.15	1.11
冬季气温高于 0℃地区	1.24	1.20	1.16	1.12	1.09

表 2-1 中相对密度值是指温度为 25℃ 时的值，环境温度每升高 1℃，应在测得的密度值上加 0.0007，每降低 1℃ 则应减 0.0007。

4. 负荷试验检测

要求被测蓄电池至少存电 75% 以上。若电解液密度低于 $1.22g/cm^3$，用万用表测得静止电动势不到 12.4V，应先充足电，再做测试。

(1) 电计测试。用高率测试仪，只能检测单格电池电压。测量时将两个叉尖紧压在单格电池的正、负极柱上，如图 2-7 所示，每次不超过 5s。单格电压应在 1.5V 以上，且在 5s 内保持稳定。

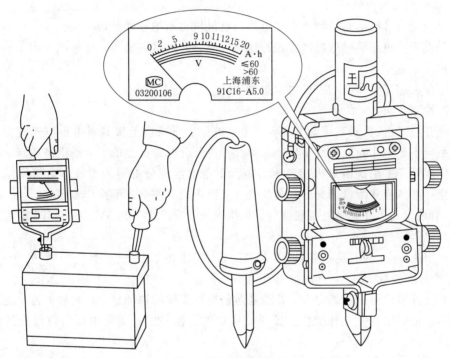

图 2-7　高率测试仪测电压

1) 若电压低于 1.5V，但在 5s 内尚能保持稳定，一般属于放电过多。

2) 若在 5s 内电压迅速下降，或某一单格电池比其他单格低 0.1V 以上时，则表示有故障。对于新式 12V 高率放电计，将两放电针压在蓄电池正负极柱上，保持 15s。

3) 若电压保持在 9.6V 以上，说明性能良好，但存电不足。

4) 若电压稳定在 10.6～11.6V，说明存电足。

5) 若电压迅速下降，说明蓄电池已损坏。

蓄电池电压与放电程度见表 2-2。

(2) 随车启动测试。在启动系统正常情况下，以启动机作为试验负荷。拔下分电器中央线并搭铁，将万用表置为电压挡，接在蓄电池正负极柱上，接通启动机 15s，读取电压表读数。12V 蓄电池的检测值应不低于 9.6V。

表 2-2　　　　　　　　　　　　　蓄电池电压与放电程度

蓄电池开路端电压/V	≥12.6	12.4	12.2	12.0	≤11.7
高率放电计检测蓄电池电压/V	10.6～11.6	9.6～10.6		≤9.6	
高率放电计（100A）检测单格电压/V	1.7～1.8	1.6～1.7	1.5～1.6	1.4～1.5	1.3～1.4
放电程度/%	0	25	50	75	100

（二）蓄电池的系列检测

当彻底检测完蓄电池及其电缆，并且纠正了所有问题后，应做好进一步检测蓄电池的准备。为了达到检测的准确性，蓄电池必须充足电。

1. 蓄电池电极桩的检测

蓄电池电极桩检测是检测蓄电池电缆与电极桩之间的连接是否不良。

凡是拆下或重新装过电缆便要进行这项检测。通过这项检测，能够减少由于松动或连接缺陷造成的返工。

用电压表测量电缆与电极桩之间的电压降。

（1）检测方法：

1）把电压表负极表笔接到电缆卡子上，电压表正极表笔接到蓄电池电极桩上，同时使点火系统不能工作，以防汽车启动。为此，拆下分电器盖上的点火线圈高压点火线，并将它搭铁。对于采用高能点火的汽车，需拆下蓄电池到分电器的引线，切勿将此引线搭铁。注意：必须遵守维修手册中有关使点火系统不能工作的正确操作步骤。

2）启动发动机并观察电压表读数。如果电压表显示大于 0.5V，则说明在电缆连接处存在有高电阻。

（2）解决方法：使用电极桩卡子拉拔器拆下蓄电池电缆，清洗电缆卡子和蓄电池电极桩。

2. 蓄电池泄漏检测

蓄电池泄漏检测用于确定电流是否通过蓄电池壳体的顶部放电。污秽的蓄电池顶部会在不用蓄电池时引起蓄电池放电。要进行蓄电池泄漏检测，需将电压表设置在最低直流（DC）挡。

检测方法：把电压表负极表笔接到蓄电池负极桩上，正极表笔移到蓄电池壳体的顶部。如果表上显示出电压，则蓄电池单格电池有电流泄漏。

解决方法：用苏打水溶液清洗蓄电池顶部，切勿让溶液流入蓄电池单格电池内，最后用清水冲洗。

3. 充电状态的检测

测试充电状态就是检查蓄电池的电解液和极板。它能通过检测电解液的相对密度来确定。相对密度是用来确定电解液中硫酸含量的一种计量单位。

用比重计检测蓄电池的充电状态。比重计如图 2-8 所示。如果电解液面低到不能进行检测，需在单格电池中添加蒸馏水。等到通过对蓄电池充电使水与电解液混合好后，才可能读

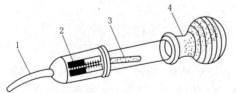

图 2-8　用来测量蓄电池荷电状况的比重计

1—吸管；2—刻度；3—筒腔与浮子；4—吸液球

取比重计读数。

检测方法如下：

（1）拧下蓄电池的全部加液盖。

（2）检查电解液的液位。必须有足够的液位供比重计抽取一定量液体。

（3）挤压吸液球并将吸管插入单格电池的电解液中。

（4）慢慢松开吸液球，吸入足够的电解液，直到使浮子在筒腔内自由地浮起，比重计保持在垂直位置。

（5）浮子浮起来后，电解液液面与浮子刻度的交界处即为相对密度（比重）的读数，如图2-9所示。此读数必须做温度修正，如图2-10所示。

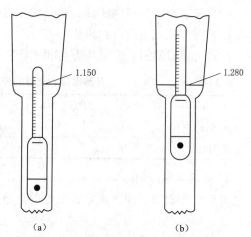

图2-9　电解液液面与浮子交界处读取电解液的相对密度
（a）读数低；（b）读数高

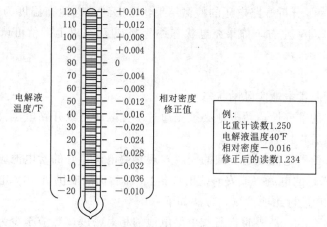

图2-10　根据电解液的温度修正相对密度读数

随着蓄电池的放电，其电解液中水的百分比变大。因此，亏电蓄电池的电解液会比充足电的蓄电池相对密度数低。

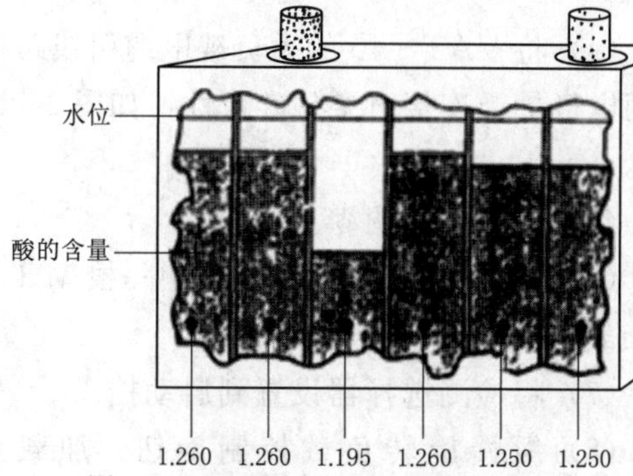

用比重计检查每个单格电池的相对密度可以确定蓄电池是否失效。

充足电的蓄电池，其比重计读数至少为1.265。由于相对密度也受电解液温度的影响，读数必须根据温度进行修正。

（6）如果修正过的比重计读数低于1.265，则该蓄电池需要补电，否则会失效。

（7）如果单格电池之间的比重计读数的最高值和最低值之间相差超过0.050，则该蓄电池失效，如图2-11所示。

水位

酸的含量

1.260　1.260　1.195　1.260　1.250　1.250
图2-11　通过相对密度读数可以确定失效的单格电池

（8）如所有的单格电池具有相同的相对密度值，即使相对密度值都偏低，通常该蓄电池可以通过补充充电后得到再生。

开路电压检测值、充电状态与相对密度之间的关系，见表 2-3。

表 2-3　　　　　　　　开路电压、充电状态和相对密度的对照关系

开路电压/V	≥12.6	12.4	12.2	12.0	11.9
充电状态/%	100	75	50	25	完全放电
相对密度	1.265	1.225	1.190	1.155	1.100

4. 开路电压检测

开路电压检测。用来确定蓄电池的充电状态，通常在比重计不适用或不能用的情况下采用。

要想获得准确的检测结果，蓄电池必须是稳定的。如果蓄电池刚补充完电，至少应等待 10min，让蓄电池的电压稳定，才能进行容量检测。

检测方法：把电压表跨接在蓄电池两电极桩，跨接时认准极性，测量开路电压，读数要精确到 0.1V。为了分析开路电压的检测结果，考虑到蓄电池在温度为 25℃时处于较佳状态的读数应为 12.4V 左右，如果充电状态是 75% 或 75% 以上，就可认为蓄电池"充足电了"，见表 2-3。

5. 容量检测

容量检测可判断蓄电池实际的状态。

由于检测要求的准确性，蓄电池必须先通过了充电状态或开路电压检测；否则，应对蓄电池补充充电然后再检测。

检测容量时，给蓄电池规定负载的同时，观察端电压。好的蓄电池应能够连续 15s 提供冷启动额定值 50% 的电流（或安时值的 3 倍），而后仍然能供给 10V 电压启动发动机。

使用 VAT-40 进行此项检测，方法如下：

（1）对蓄电池充电。必要时，所有单格电池的相对密度读数应至少为 1.225。

（2）确定负载检测的技术要求，即接入负载电流为冷启动电流额定值的 50%，或是蓄电池安时值（Ah）的 3 倍，或由汽车制造厂提供。

（3）在一只单格电池中装一支电解液温度计。

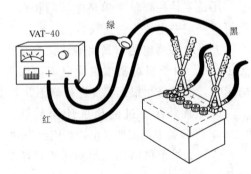

图 2-12　用 VAT-40 进行容量检测的连接法

（4）将 VAT-40 的大负载电缆引线跨接到两电极桩。连接时要认准极性，如图 2-12 所示。

（5）将电流表调零。

（6）把电流感应探头套在其中一根 VAT-40 负载引线上。

（7）将检测选择器设置到启动挡。

（8）缓慢旋转负载控制旋钮，加载到（2）确定的负载量。

（9）当加载达 15s 时读电压表。注意，

不要超过 15s 的极限。关断碳堆电阻，并记录读数。

（10）读温度计并记录读数。

（11）对照表格（表 2-4）检查电压和温度读数。

如果电压值低于表 2-4 中列出的技术要求值，再观察蓄电池电压 10min，如果电压上升到 12.45V 或更高，需进行 3min 充电试验。

如果所检测的是免维护蓄电池，尽管电压恢复到 12.45V，仍需更换蓄电池，因为该蓄电池带负载时不能提供电压和电流。如果电压不能恢复到 12.45V，对蓄电池补充充电直到开路电压的检测显示出 12.66V 电压为止。重复容量检测，如果蓄电池又没能通过，需更换蓄电池。容量检测是检查蓄电池带负载的能力。

表 2-4　　　　　　　　　　　　　容量检测的温度修正读数

电解液温度	℉	70	60	50	40	30	20	10	0
	℃	21	16	10	4	−1	−7	−12	−18
最小电压 （12V 蓄电池）	V	9.6	9.5	9.4	9.3	9.1	8.9	8.7	8.5

（三）蓄电池的充电方法

1. 恒流充电

蓄电池在充电过程中，使其充电电流保持恒定不变，随着蓄电池电动势的逐渐提高，逐步增加充电电压的方法，称恒流充电。如图 2-13 所示，当充到蓄电池单格电压上升至 2.4V（电解液开始冒气泡）时，再将充电电流减小一半后保持恒定，直到蓄电池完全充足。

一般使用充电机，在充电工作间对蓄电池进行充电。日常采用这种恒流充电法，是因为它有较大适用性，可任意选择和调整电流，适应各种不同条件（新蓄电池的初充电，使用中的电池补充充电以及去硫充电等）下的蓄电池充电，其主要特点是充电时间长。

2. 恒电压充电

在充电过程中，加在蓄电池两端的充电电压保持恒定不变的充电方法，称为恒电压充电，如图 2-14 所示。汽车上的发电机对蓄电池的充电即为恒电压充电。其特点是充电开

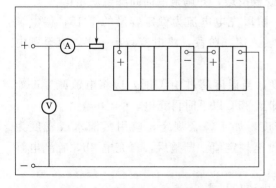

图 2-13　恒流充电的接线方法

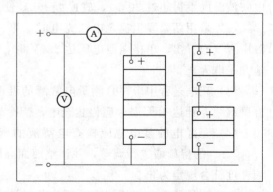

图 2-14　恒压充电的接线方法

始，充电电流很大，随着蓄电池电动势的不断增高，充电电流逐渐减小。充电终了，充电电流将自动减小至零，因而不需要人照管。同时，由于恒电压法充电速度快，4～5h内蓄电池就可获得本身容量的90％～95％，相比恒电流充电，时间会大大缩短。所以恒电压特别适合对具有不同容量的蓄电池进行充电。

在恒电压充电过程中，充电电压对充电的效果影响很大，如果充电电压合适，蓄电池充足电后，充电电流可自动减小到0。如果充电电压低，蓄电池将永远也充不满电，对蓄电池的使用寿命会产生很大的影响。如果充电电压过高，在蓄电池充满电后还会继续充电，此时的充电即为过充电，过充电将会消耗电解液中的水分，也会影响蓄电池的使用寿命。

3. 脉冲快速充电

脉冲快速充电，亦为分段充电法。整个充电过程为：正脉冲充电、停充（25ms）、负脉冲（瞬间）放电或反充、再停充、再正脉冲充电。该充电方法显著的特点是充电速度快，即充电时间大大缩短。一次初充电只需5h左右，补充充电仅需1h左右。采用这种方法充电，还可以使蓄电池容量增加，使极板"去硫化"明显。但其缺点是充电速度快，析出的气体总量虽减少，但出气率高，对极板活性物质的冲刷力强，故易使活性物质脱落，因而对蓄电池的使用寿命会有一定影响。脉冲快速充电的接线方法如图2-15所示。

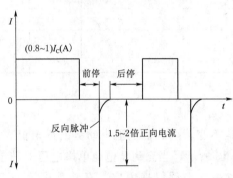

图2-15 脉冲快速充电的接线方法

（四）充电种类

1. 初充电

初充电是指对新的或更换极板后的蓄电池进行的第一次充电。初充电的特点是充电电流小，充电时间长，且必须彻底充足。

初充电操作步骤如下：

（1）按蓄电池制造厂的规定和本地区的气温条件，加注一定密度的电解液（加注前，电解液温度不得超过30℃），放置4～6h，使极板浸透，并调整液面高度至规定值。

（2）采用两阶段恒流充电法充电时，第一阶段充电电流为额定容量的1/15，待电解液中有气泡冒出、单格电池电压达2.4V时，转入第二阶段，将电流减小一半，直至蓄电池充足电为止。

（3）充电过程中应注意测量电解液的温度，当温度超过40℃时，应将电流减半，如温度继续上升达45℃时，应停止充电，待冷却至35℃以下时再充电。

（4）充好电的蓄电池应检查电解液的密度，如不符合规定，应用蒸馏水或密度为1.4g/cm³的稀硫酸进行调整，并调整液面高度至规定值。调整后，再充电2h，直到电解液密度符合规定为止。

不同型号铅蓄电池的初充电和补充充电的电流值见表2-5。

表 2-5　　　　　　　　　不同型号铅蓄电池的初充电和补充充电的电流值

型号	额定容量 C_{20}/(A·h)	额定电压/V	初充电				补充充电			
			第一阶段		第二阶段		第一阶段		第二阶段	
			电流/A	时间/h	电流/A	时间/h	电流/A	时间/h	电流/A	时间/h
3-Q-75	75	6	5	30～40	2.5	25～30	7.5	10～12	3.75	3～5
3-Q-90	90	6	6	30～40	3	25～30	9	10～12	4.5	3～5
3-Q-105	105	6	7	30～40	3.5	25～30	10.5	10～12	5.25	3～5
6-Q-60	60	12	4	30～40	2	25～30	6	10～12	3	3～5
6-Q-75	75	12	5	30～40	2.5	25～30	7.5	10～12	3.75	3～5
6-Q-90	90	12	6	30～40	3	25～30	9	10～12	4.5	3～5

2. 补充充电

蓄电池在使用中，如果启动机运转无力，灯光比平时暗淡，冬季放电超过 25%，夏季放电超过 50%，放置不用已近一个月的蓄电池，都必须进行补充充电。另外，由于汽车上使用的蓄电池进行的是恒电压充电，蓄电池不一定能充足电，为了有效防止硫化，最好每 2～3 个月进行一次补充充电。

补充充电操作步骤如下：

（1）从汽车上拆下蓄电池，清除蓄电池盖上的脏污，疏通加液孔盖上的通气小孔，消除极桩和导线接头上的氧化物。

（2）检查电解液的密度和液面高度，如果密度不符合规定要求，用蒸馏水或密度为 $1.4g/cm^3$ 的稀硫酸调配，电解液液面应高出极板上缘 15mm。

（3）用高率放电计检查各单格电压的放电情况，要求蓄电池的各个单格电池读数（电压值）基本一致。

（4）将蓄电池正极接充电机正极，蓄电池负极接充电机负极，补充充电也应按表 2-5 所示的充电要求进行，一共分两个阶段：第一阶段的充电电流约为蓄电池额定容量的 1/10，充至单格电压为 2.3～2.4V；第二阶段的充电电流约为容量的 1/20，充至单格电压为 2.5～2.7V，电解液达到规定值，并且在 2～3h 内基本不变，蓄电池内产生大量气泡，电解液呈"沸腾"状态，此时表示电池电已充足，时间大约为 15h。

（5）将加液口盖拧紧，擦净蓄电池表面，便可使用。

3. 间歇过充电

间歇过充电是为了避免使用中的铅蓄电池极板硫化的一种预防性充电，汽车用铅蓄电池应每隔 3 个月进行一次。

操作方法：先按补充充电的方法将蓄电池充足电，停歇 1h 后，再以减半的充电电流值进行过充电至电解液沸腾，再停歇 1h 后，重新接入充电。如此反复，直到蓄电池刚接入充电时，电解液立即沸腾为止。

4. 循环锻炼充电

循环锻炼充电是铅蓄电池为防止极板钝化而进行的保养性充电。铅蓄电池使用中常处于部分放电的状况，参加化学反应的活性物质有限，为避免活性物质长期不工作而收缩，每隔 3 个月进行一次循环锻炼充电。

操作方法：先按照补充充电或间歇过充电方法将铅蓄电池充足电，再用 20h 放电率的电流连续放电至单格电池电压降为 1.75V 为止，其容量降低不得大于额定容量的 10%，否则，应进行充、放电循环，直至容量达到额定容量的 90% 为止，方可使用。

5. 去硫化充电

去硫化充电是消除铅蓄电池极板轻度硫化的一种排故性充电。

去硫化充电操作方法如下：

（1）将铅蓄电池按 20h 放电率，放电至单格电池电压降至 1.75V 为止。

（2）倒出电解液，用蒸馏水反复冲洗几次，然后加入蒸馏水至规定的液面高度，用初充电第二阶段充电电流进行充电，当电解液密度增大到 $1.15g/cm^3$ 时，再将电解液倒出，加入蒸馏水，继续充电，反复多次，直至电解液密度不再上升为止。

（3）换用正常密度的电解液，按初充电方法将蓄电池充足电。

（4）用 20h 放电率的电流放电，检查容量，若其输出容量可达额定容量的 80% 以上，则可装车使用；若达不到，应更换蓄电池或修理。

五、实训注意事项

（1）连接或断开蓄电池电缆、蓄电池充电机或跨接电缆时，点火开关必须处于"OFF"（关闭）或"LOCK"（锁止）位置，并且所有电器负载必须为"OFF"（关闭），除非操作程序中另有说明，否则会损坏车辆上的电子设备。

（2）蓄电池电极短路产生的电流强度足以导致人体烧伤，所以要避免金属工具搭铁造成蓄电池短路。

（3）避免过度的充放电循环和长时间放电。这对极板的活性物质有非常大的损害，会大大缩短蓄电池使用寿命。

（4）蓄电池极桩表面应涂抹凡士林或润滑脂以防止氧化，并按规定扭矩拧紧蓄电池极桩螺栓，不能过度施力。

（5）蓄电池搭铁极性必须与发电机一致，不得接错。

（6）断开蓄电池接线时，应先断负极后断正极，装复时按相反顺序。

（7）对于带有中央排气软管的蓄电池，软管必须一直连接在蓄电池上，并保持软管畅通。

（8）蓄电池的大电流放电、深度充放电和长期亏电闲置是最影响蓄电池寿命的负面因素，所以使用中应尽量避免。

六、实训报告要求

（1）记录检测过程中出现的问题及现象，总结其经验和重点。

（2）记录检测数据，并对数据结果进行比对分析。

实训二 蓄电池常见故障诊断与排除

蓄电池是汽车电源之一，它的主要作用是：发动机启动时，向启动机和点火装置供电；发电机不发电或电压较低的情况下向用电设备供电；当用电设备同时接入较多，发电机超载时，协助发电机供电。它的技术状态直接影响发动机的启动效果，所以必须保障蓄电池经常处于良好的技术状态。但发生故障时，切忌盲目一再通电启动，以免蓄电池电能耗尽甚至损坏发动机。发电机无法启动的原因，可能是蓄电池的故障，也可能是其他原因造成的，故应在故障确诊并予以排除后，才可启动发动机。

一、实训日的

(1) 掌握蓄电池常见故障诊断与排除方法。
(2) 了解蓄电池故障诊断的注意事项。

二、实训仪器和设备

轿车一辆、翼子板护罩、卡子拆卸钳、电极桩拉拔器、钢丝刷、卡子清洁器、数字电压表、常用工具一套、万用表、高率放电计、玻璃棒吸管、盛水容器和蓄电池线。

三、实训前的准备

(1) 预习相应的知识，查阅相关资料。
(2) 清理干净工位，汽车进入，拉紧驻车制动器，并将变速器置于 N 或 P 挡。
(3) 准备工具车和零件盒，以备放置工具及零件。

四、实训内容及步骤

(一) 外部故障

外部故障包括壳体裂纹、封口胶开裂、接触不良、极桩腐蚀和松动、联条烧断、电池爆炸。破损的蓄电池如图 2-16 所示。

(二) 内部故障

内部故障有如容量降低、充不进电、自行放电、电解液损耗过快和极板拱曲等。

1. 容量降低的故障诊断与排除

用高率放电计检查单格电池的电压低于1.5V，充足电后的蓄电池装车使用很短时间，就发现启动机运转缓慢、无力，甚至不能带动发动机曲轴，喇叭声音小，灯光暗淡，以上现象均说明蓄电池容量降低。

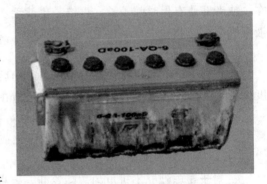

图 2-16　破损的蓄电池

(1) 故障产生原因如下：

1) 蓄电池长期处于放电、半放电状态，使极板上生成一种白色的粗晶粒硫酸铅。

2) 长时间使用启动机，用大电流进行放电。

3) 发电机调节器电压调整过低，使蓄电池经常充电不足。

4) 电解液密度过高或液面过低时，用电解液代替蒸馏水加入蓄电池中，引起极板硫化，造成容量不足。

5）电解液密度低于规定值，或电解液渗漏后只加注蒸馏水，以致电解液密度降低。

6）极板活性物质脱落或发电机输出电流过大，加速极板活性物质脱落，而引起容量不足。

（2）故障诊断与排除。

当用高率放电计检查车上蓄电池单格电池低于 1.5V 时，表明蓄电池容量不足。此时应检查调节器活动触点臂弹簧弹力和校准调节电压至规定值，同时打开蓄电池盖检查电解液是否缺少。因蓄电池在使用或充电过程中，部分水分被分解蒸发，发生液面低落，所以应经常检查电解液平面，加添蒸馏水至规定的高度。若液面过低而且时间过长，使露出来的极板硫化，可分解蓄电池，抽出极板检查，当极板的表面呈现一层白色硫酸铅，即说明已硫化，如图 2-17 所示。

图 2-17 极板硫化的蓄电池

如果抽出极板倒出电解液后，在蓄电池壳底存有过多脱落的极板活性物质，会造成极板短路，也会引起容量不足。极板硫化不严重时，可用小电流长时间充电，或给予全充又全放的充放电循环、使活性物质复原的方法解决；硫化严重者采用去硫化充电方法消除硫化；极板硫化较严重时，必须拆开蓄电池，重新更换极板；硫化特别严重的蓄电池应报废。

防止蓄电池硫化的方法是使蓄电池经常保持充足电的状态，使极板上没有硫酸铅存在，或者即使有但时间不长，再结晶也就无从产生或很少产生。此外，还要经常注意保持液面高度。

2. 充不进电的故障诊断与排除

（1）充不进电的故障现象为当汽车启动后在行车中电流表指针回正过快，或蓄电池温度偏高，且长时间行车后，电流表指针仍指在＋5V 以上。

1）故障产生原因：由于使用时间较长，蓄电池劳损，或存在内部短路故障，以及极板上活性物质脱落以致容量过小、极板硫化或负极板硬化。

2）故障诊断与排除。

a. 对于蓄电池充不进电的故障诊断，要根据故障现象与使用情况综合分析做出判断。

b. 如蓄电池使用了一年以上，出现上述情况，一般为蓄电池劳损衰竭，应更换新件。

c. 如蓄电池温度偏高，且长时间行车后，电流表指针仍指＋5V 以上，可用高率放电计来查明。如果测得某单格电压低于 1.5V，说明此单格内有短路故障，应拆开检修。

d. 如电解液混浊，一般为极板上的活性物质脱落所致。造成活性物质脱落的现象多发生于正极板。其特征是充电时有褐色物质自底部上升。原因：充、放电时活性物质的体积总在不断地膨胀和收缩，活性物质微粒间机械结合力会逐渐减弱，当受到振动颠簸或充电终期产生的气体冲刷时，会使活性物质脱落；充、放电电流过大时极板易因充、放电不均而拱曲变形，也是活性物质脱落的原因之一，对于活性物质脱落的铅蓄电池，若沉积物较少时，可清除后继续使用；若沉积物较多时，应更换新极板和电解液，或换用新蓄电池。

e. 如启动了 1～2 次启动机，再启动便显得无力，说明蓄电池"浮电"，大多数原因是极板硫化所致，应进行恢复性充电。

3. 自行放电的故障诊断与排除

蓄电池在放置期间，电量自行消失的现象称为自行放电。轻微的自行放电是不可避免的。这是因为极板材料不可能绝对的纯；正极板与栅架金属本身也可构成电池组；电池长期放置，电解液中硫酸下沉，上部相对密度比下部小，使极板上下部形成电位差等都可能自行放电。若充足电的蓄电池每昼夜容量降低超过 2%，则应视为故障性自行放电。如前一天存电尚足，到第二天出车时启动机转动缓慢、无力，甚至发动机熄火后稍长一段时间，启动机就不能带动曲轴，灯光暗淡，喇叭声小均为蓄电池自行放电的现象。

（1）故障产生原因：蓄电池的导线有搭铁短路之处。电气系统中某条电路的开关未断开，造成用电装置长时间工作而耗去蓄电池的存电。断电器触点烧结，造成停驶后触点不能张开，使蓄电池电流长时间倒流进发电机而耗去存电。单格电池正负极板短路，其主要原因是隔板损坏击穿，极板活性物质脱落后沉淀于底部使正负极板导通。电液中杂质过多，形成局部电流而自行放去蓄电池存电。电解液在盖板上堆积太多。

（2）故障诊断与排除：应先检查蓄电池外部是否清洁，特别是电池盖是否有污物堆积。然后检查导线有无搭铁、短路之处。检查时可关断各用电设备，拆下蓄电池一个接线柱上的导线，将线端与接线柱划碰试火。如有火花，应逐段检查有关导线，找出搭铁之处；如无火花，说明故障在蓄电池内部，应拆开修复。

自放电较轻的蓄电池，可将其正常放完电后，倒出电解液，用蒸馏水反复清洗干净，再加入新电解液，充足电后即可使用。

自放电较为严重时，应将电池完全放电，倒出电解液，取出极板组，抽出隔板，用蒸馏水冲洗之后重新组装，加入新的电解液重新充电后使用。

为了防止故障性自行放电，在使用中必须注意以下几点：

1）蓄电池中加注的电解液必须是用蓄电池专用硫酸和蒸馏水配制而成的。

2）盛装电解液和蒸馏水的器皿必须是非金属耐酸材料制成的。

3）电池表面要保持清洁、干燥，并防止掉入蓄电池内部杂质。

4. 电解液损耗过快的故障诊断与排除

电解液损耗过快表现为电解液补充以后，很快又不足，需要频繁加注蒸馏水以弥补损耗。

（1）故障产生原因：

1）充、放电电流过大。

2）蓄电池壳体有裂纹，使电解液渗漏流失。

3）隔板损坏击穿，或极板短路。

（2）故障诊断与排除。检查时要联系其他故障现象做出判断。

首先检查外壳有无裂纹渗漏处，电解液渗漏后，每次加注蒸馏水，必然导致电解液密度下降，蓄电池存电不足。

如果发电机调节器电压调节过高，则常常伴有烧坏灯泡等事故。

如果使用中发现有一个单格的液面下降得特别快，很可能是这一单格的外壳或封口剂有裂缝而使电解液外漏。

如果这一单格的外壳和封口剂均好，则可能是单格电池中极板硫化或短路。

检查诊断出故障原因后，用相应的修复方法予以排除即可。

五、实训注意事项

（1）严格按操作规程操作。

（2）连接或断开蓄电池电缆、蓄电池充电机或跨接电缆时，点火开关必须处于"OFF"（关闭）或"LOCK"（锁止）位置，并且所有电器负载必须为"OFF"（关闭），除非操作程序中另有说明，否则会损坏车辆上的电子设备。

（3）使用仪器要轻拿轻放。

（4）测电解液密度注意防止电解液溅入眼睛。

六、实训报告要求

（1）记录检测过程中出现的问题及现象，总结其经验和重点。

（2）记录检测数据，并对数据结果进行比对分析。

汽车充电系统的检测

导入案例

一辆长安汽车进入 4S 店维修，故障现象为：汽车在使用过程中发现发电机开始的时候发电量不稳，后来发电量越来越小，渐渐地就不发电了。经过维修技师检查发现该发电机不发电的原因是电刷与电刷架间卡滞，但车主反映近期到 4S 店保养还专门做了发电机养护。后经过调查发现是维修工在进行发电机养护时，发电机转子轴两端支承轴承所充注的润滑脂，误用了普通的钙基润滑脂，且充注过满。当发电机高速运转且环境温度较高时，造成部分润滑脂溶化溢出，流到发电机的滑环、电刷及电刷架等处，加上油脂的蒸发和灰尘的侵入，使油脂和灰尘的混合物凝结变硬，导致电刷与电刷架间卡滞。

此次事故是由于维修工在进行维护操作的时候疏忽大意造成的。作为一名维修专业人员，除了具备专业的技能，还必须提高安全意识，遵守企业的规章制度，规范操作，安全生产，努力培养"德艺双修、精益求精"的职业素养和道德品质。

实训一　交流发电机的性能检测

交流发电机起着为汽车各种用电设备供电和向蓄电池充电的作用，所以发电机的正常工作是确保汽车正常工作的重要因素。

一、实训目的

（1）掌握交流发电机的就车检测方法。
（2）掌握交流发电机的台架检测方法。
（3）掌握汽车电气万能试验台的使用方法。

二、实训仪器和设备

汽车一辆、100A 电流表、50V 电压表、交流发电机、万能试验台、常用工具和导线若干。

三、实训前的准备

（1）准备好各种仪器和设备。
（2）汽车进入工位前将工位清理干净。
（3）拉紧驻车制动器，并将变速器置于 N 或 P 挡。

（4）打开并可靠支撑机舱盖。

（5）准备零件盒以备放置零件。

（6）交流发电机与蓄电池放到相应位置。

四、实训内容及步骤

（一）交流发电机的就车检测

（1）检查蓄电池和电源系统线路连接状况，蓄电池应处于充满状态。若不符合要求，应对蓄电池进行充电，使其达到技术要求。电源系统电路连接紧固，无锈蚀、松动情况。

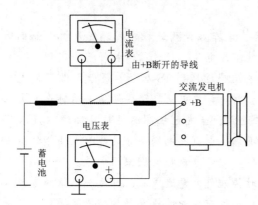

图 3-1　交流发电机就车检测接线图

（2）连接电压表和电流表，在发动机熄火状态下，按如图 3-1 所示连接电压表和电流表。

电流表"＋"接发电机"＋B"端子。

电流表"－"接导线"＋B"端子。

电压表"＋"接发电机"＋B"端子。

电压表"－"搭铁。

注意：为避免引起短路，在连接电流表和电压表时，应拆除蓄电池负极柱。

（3）无负载性能试验（12V 发电机）。将所有用电设备开关拧至"OFF"，启动发动机，并使其达到 2000r/min。此时电流表读数在 10A 以下，电压表读数为 13.8～14.8V。

（4）有负载性能试验（12V 发电机）。将发动机转速升高至 2000r/min，将前照灯及其他用电设备开关拧到"ON"。此时电流表读数在 30A 以上，电压表读数为 13.8～14.8V。

在以上步骤（3）和（4）中，如果读数不在范围内，说明发电机工作不正常。

（二）交流发电机台架检测

1. 交流发电机空载试验

（1）安装发电机。将交流发电机紧固在汽车电气万能试验台的龙门夹具上，调整升降夹具，使交流发电机与调速电动机主轴同心，选用合适的六角套筒和橡皮接头，将交流发电机与调速电动机连接。用手转动电动机主轴，观察电动机主轴与发电机是否同心。

（2）连接电路。按图 3-2 所示接线图连接好试验电路。

1）用附件连接试验台上的插座 40 和 41（此时试验台的蓄电池为负极搭铁）。

2）将附件（电枢、磁场连接线）一头插入插座 39 中，另两头分别接交流发电机的"＋"（输出、"＋B"）与"F_2"柱。

3）用附件连接 35 和 37 插座，由试验台的蓄电池对发电机进行他励。

（3）检测。

1）旋转调速电动机转换开关至低速位置，此时调速电动机指示灯亮。将转速表量程控制开关相应拨至低速位置（0～1000r/min）。

2）顺时针摇转电动机调速手轮，使电动机检视孔内的指示箭头向右偏移，观察转速

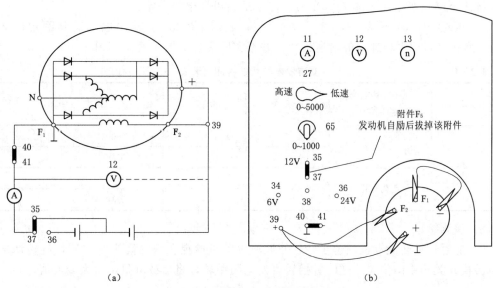

图 3 - 2　交流发电机空载试验接线图
（a）连接电路图；（b）接线示意图

表所指示的电动机转速，当转速升至 700～800r/min 时，将连接 35 和 37 的附件从插座中拔下，此时发电机转为自励空载状态，电动机转速将略有下降。

3）顺时针摇转调速手轮，使转速缓慢上升，同时观察电压表，当电压达到额定值 14V 时，停止升高转速，记录转速表所指示的转速，并将实际测量值填入表 3 - 1 中。

4）检测结束。逆时针摇转调速手轮，使电动机检视孔内的指示箭头对正壳体上"0"位。旋转调速电动机转换开关至中间位置。

2. 交流发电机负载试验

（1）安装发电机。安装步骤与上述空载试验相同。

（2）连接电路。按图 3 - 2 所示连接好试验电路。

3. 检测

1）将置于试验台面下方的可变电阻手轮逆时针摇转到底，将负载电阻调整为最大值。

2）旋转调速电动机转换开关至高速挡位置，此时调速电动机指示灯亮，并将转速表量程开关相应拨至高速挡位置（0～5000r/min）。

3）顺时针摇转电动机调速手轮，使调速电动机检视孔内的箭头向右偏移，电动机转速逐渐上升。

4）当转速上升至 700～800r/min 时，用附件暂时短接 35、37 插座进行他励，同时观察电流表，转速上升，电流表指针由 0 转至指示 2A 充电电流时，先将 37、38 两插座用附件连接起来，再将连接 35、37 插座的附件拔下，此时交流发电机转入自励发电状态，并向负载（可变电阻）供电。

5）缓慢顺时针转动调速电动机调速手轮，使电动机转速逐渐升高，同时注意观察电压表。当电压表读数达到额定值 14V 时，停止升速。

6）顺时针摇转可变电阻手轮，使负载电阻减小，负载电流增大，此时发电机电压将自动随之下降。当电压下降至13V时，停止摇转可变电阻手轮。

7）重复5）、6）两步骤，直至发电压达到额定值14V，输出电流达到额定值25A（JF11型）时，记下转速表的转速读数，并将实际测量值填入表3-1中。

表 3-1　　　　　　　　　　　**交流发电机性能检测记录表**

发电机型号 ＼ 检测内容 ＼ 检测项目	电压/V	电流/A	转速/(r/min)	
空载实验			标准	
			实测	
负载实验			标准	
			实测	

8）检测结束。

9）逆时针摇转电动机调速手轮，使调速电动机检视孔内的箭头归"0"，旋转调速电动机转换开关至中间位置，逆时针摇转可变电阻手轮，将负载电阻调整为最大值。

五、实训注意事项

（1）低压电路未连接好时，不得接通交流电源。

（2）发电机未装夹牢固、发电机中心轴线与电动机中心轴线不一致时，不得进行检测。

（3）发电机进行高转速检测时，不得靠近。

（4）检测完成后，一定要将电动机调速指针回零，可变电阻调至最大。

六、实训报告要求

（1）记录检测过程中出现的问题及现象，总结其经验和重点。`

（2）记录检测数据，并对数据结果进行比对分析。

实训二　电压调节器的检测

电压调节器通过对发电机交流励磁电流的控制，实现对发电机输出电压的自动调节。良好的电压调节器对保证汽车电气系统的正常工作，以及延长电气系统和蓄电池的使用寿命关系非常大。因此，有必要对电压调节器进行相应的检测。

一、实训目的

（1）熟悉汽车电气万能试验台的操作方法。

（2）掌握触点式电压调节器、晶体管电压调节器和集成电路电压调节器的检测内容和方法。

二、实训仪器和设备

汽车电气万能试验台，交流发电机，直流可调电源，内、外搭铁型晶体管电子调节器，IC 集成电路调节器，6V 蓄电池，灵敏度高（内阻较大）的万用表，4W/12V 灯泡，开关，导线以及接头夹子若干。

三、实训前的准备

（1）准备好各种仪器和设备。
（2）将蓄电池、调节器和交流发电机放在试验台旁。
（3）准备零件盒以备放置零件等。

四、实训内容及步骤

（一）双触点式电压调节器的性能检测

1. 安装发电机

将交流发电机紧固在汽车电气万能试验台的龙门夹具上，调整升降夹具，使交流发电机与调速电动机主轴同心，选用合适的六角套筒、橡皮接头将交流发电机与调速电动机连接。用手转动电动机主轴，观察电动机主轴与发电机转子轴是否同心。

2. 连接电路

按图 3-3 所示连接好试验电路。

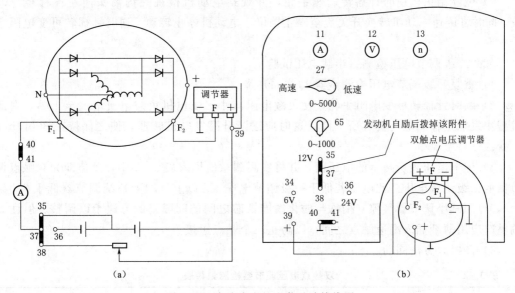

图 3-3 交流发电机空载试验接线图
(a) 连接电路图；(b) 接线示意图

（1）用附件连接试验台上的插座 40、41（此时试验台的蓄电池为负极搭铁）。

（2）将附件（电枢、磁场连接线头）插入插座 39 中，另两头分别接交流发电机的"+"（输出、+B）与调节器的"+"（相线）接柱。

（3）用导线连接调节器的"F"与交流发电机的"F_2"接柱。

（4）用导线连接调节器的"—"与交流发电机的"—"接柱。

（5）用附件连接 35、37 插座，由试验台的蓄电池对发电机进行他励。

3. 检测

（1）一级调节电压检测（低载电压试验）。

1）逆时针摇转可变电阻手轮到底，使负载电阻为最大值。

2）旋转调速电动机转换开关至高速挡位置，此时调速电动机指示灯亮，将转速表量程开关相应拨至高速挡位置（0～5000r/min），缓慢顺时针转动调速电动机调速手轮，使调速电动机内检视孔内的箭头向右偏移，电动机开始转动，转速逐渐升高。

3）当转速升至700～800r/min时，用附件将插座35、37暂时短接，进行他励，同时观察电流表。当转速上升，电流表指针由"0"向右偏转指示2A充电电流时，先用附件将37、38插座连接起来，再将附件从35、37插座中拔出，转入自励发电状态，并向可变电阻供电。

4）顺时针摇转调速手轮，使发电机转速升至3000r/min。

5）顺时针摇转可变电阻手轮，使负载电阻减小，发电机负载电流增大至4A，并维持发电机转速在3000r/min不变。

6）记录电压表所指示的电压值，并将实际测量值填入表3-2中，此值即为调节器的一级调节电压。如不符合标准（13.2～14.2V），可改变弹簧弹力加以调整。

7）试验结束。逆时针摇转调速手轮，并观察电动机检视孔内箭头向左偏移至"0"位，同时将调速电动机转换开关旋至停止挡位，电动机停止转动。逆时针摇转可变电阻手轮到底。

（2）二级调节电压检测（半载电压试验）。

1）重复一级调节电压检测步骤1）～4）步。

2）顺时针摇转可变电阻手轮，使负载电阻减小，发电机负载电流增大至15A。在此过程中发电机输出电压会有所下降，这时应逐渐升高发电机转速，使之保持在300r/min不变。

3）记下电压表所指示的电压值，并将实际测量值填入表3-2中，此值即为双触点调节器的二级调节电压。此电压若低于一级调节电压1V以上（24V系统调节器低于2V以上），可用减小调节器气隙（衔铁与磁化线圈铁芯之间的间隙）的方法予以调整。但注意调整时应用薄纸插入高速触点之间，以防止三个触点短接。

4）停机。方法同前。

表3-2　　　　　　　　　　　双触点电压调节器检测记录表

调节器型号	检测项目　　检测内容		电压/V	电流/A	转速/(r/min)
	一级调节电压试验	调整前			
		调整后			
	二级调节电压试验	调整前			
		调整后			
	一、二级调节电压总差值				

（二）晶体管电压调节器的检测

1. 晶体管电压调节器类型判断

晶体管调节器分为"内搭铁调节器"和"外搭铁调节器"两种。一般均有"＋"、"F"和"－"3个接柱，使用前必须确定其搭铁形式。判别方法如下。

（1）将晶体管电压调节器的"＋"和"－"分别接可调直流电源的"正""负"极。将电压预调至12V。接线图如图3-4所示。

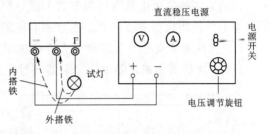

图3-4 晶体管电压调节器类型的判别接线图

（2）用试灯代替发电机磁场绕组，一端接调节器的"F"接线柱上，另一端先后去碰调节器的"＋"和"－"接柱。

当试灯另一端碰接"－"接柱时若灯亮，而碰接"＋"接柱时灯不亮，则晶体管电压调节器为"内搭铁式调节器"。

当试灯另一端碰接"＋"接柱时若灯亮，而碰接"－"接柱时灯不亮，则晶体管电压调节器为"外搭铁式调节器"。

若试灯另一端在碰接"＋"和"－"接柱均不亮，则晶体管电压调节器内部断路损坏。

2. 晶体管调节器的性能检测

（1）内搭铁式晶体管电压调节器的检测。将可调直流电源与调节器按图3-5（a）所示的线路接好，逐渐提高电源输出电压。当电压达到6V左右时，指示灯点亮。继续提高电源电压，当电压达到13.5～14.5V时，指示灯应熄灭，熄灯时的电压即为调节器的调节电压。逐渐降低电源电压，当电压下降0.5V时，试灯应重新点亮。将试验实测值填入表3-3中。若指示灯在电压达6V时不亮，或电压超过规定值后，指示灯仍不熄灭，则说明该调节器有故障。

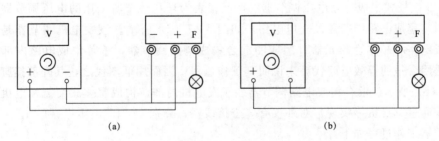

(a)   (b)

图3-5 晶体管式调节器性能测试接线图
(a) 内搭铁式晶体管电压调节器；(b) 外搭铁式晶体管电压调节器

表3-3   晶体管电压调节器检测记录表

电压调节器型号	类型判别结果（内、外搭铁）	试灯熄灭时电压/V	试灯重新点亮时电压/V

（2）外搭铁式晶体管电压调节器的检测。外搭铁晶体管式调节器的测试与内搭铁式晶体管式调节器的测试方法一样，但线路连接方法应按图3-5（b）连接好可调直流电源与晶体管式调节器。

（三）集成电路电压调节器的检测

目前采用的集成电路电压调节器大部分都是3接柱式和4接柱式。下面以这两种电压调节器为例说明检测方法，其他类型的电压调节器性能可参照进行检测。

1.3接柱式集成电路电压调节器的检测

（1）3接柱式集成电路电压调节器进行检测时，按图3-6所示进行电路连接。

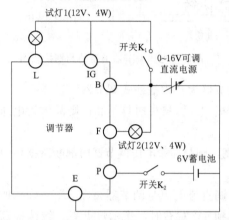

图3-6　3接柱式集成电路电压调节器的检测

（2）检测时，在调节器"B"与"E"接柱间接一只0～16V的可调直流电源，"B"与"F"接柱间接一只12V、4W的直流灯泡（替代交流发电机磁场绕组），"L"与"IG"间接一只12V、4W的仪表灯泡（替代充电指示灯），并在"IG"与"B"接柱间接一只开关K_1。当开关K_1闭合时，试灯1、2应点亮。

（3）在"P"与"E"接柱间接一只6V蓄电池（模拟交流发电机发电时的相电压）和一只开关K_2。当开关K_2闭合时，试灯1应熄灭；当开关K_2断开时，试灯1应点亮。

（4）调节可调直流电源，当电压升高到15.0～15.5V以上时，试灯2应熄灭；当电压下降到13.5V以下时，试灯2又应点亮。

若检测结果不符合上述要求，表明集成电路电压调节器损坏。

（5）3接柱式集成电路电压调节器的产品代表为夏利轿车所采用的电压调节器。夏利轿车用内装集成电路调节器及充电电路，如图3-7（a）所示。该发电机调节器是由一块单片集成电路和晶体管等元器件组成的混合集成电路调节器，单片集成电路内部极为复杂，无法用合适的等效电路代替来说明其工作过程，因而用框图代之，其外部接脚位置如图3-7（b）所示。混合集成电路调节器装于发电机内部，构成整体式交流发电机。发电机（搭铁通过本身机体实现）对外仅有3个接线柱，分别为"B"、"IG"和"L"。

调节器工作过程如下：

1）当点火开关接通，发电机电压低于蓄电池电压时，电池电压便经点火开关K_1，整体式交流发电机的"IG"端加到集成块IC上，IC内部电路根据发电机相抽头P接线柱端检测出的电压信号，控制VT_1、VT_2导通，接通磁场电路和充电指示灯电路。

磁场电路为：蓄电池正极→发电机B端子→磁场绕组→IC调节器F端子→VT_1→E端子→搭铁→蓄电池负极。

充电指示灯电路为：蓄电池正极→点火开关K_1→充电指示灯→发电机和调节器L端子→VT_2→E端子→搭铁→蓄电池负极。此时充电指示灯发亮，指示蓄电池放电。

2）当发电机电压上升到蓄电池电压时，发电机相绕组连接的P端电压信号使IC控

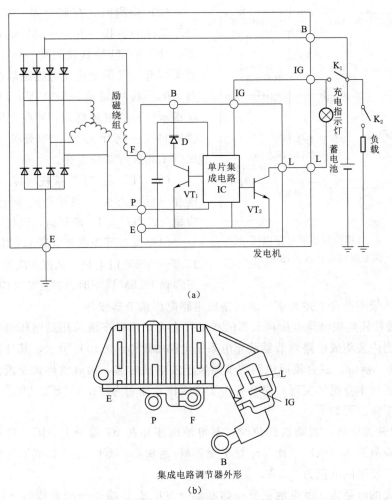

(a)

集成电路调节器外形

(b)

图 3-7 夏利轿车充电系统电路原理和集成电路调节器外部接脚位置图

(a) 电路原理图 ；(b) 调节器外形及接柱

制 VT$_1$ 截止，充电指示灯熄灭，表明发电机开始自励发电，并可向蓄电池充电和向用电设备供电。

3）当发电机电压上升至调节电压时，P 端电压信号使 IC 控制 VT$_1$ 截止，磁场电流被切断，发电机电压下降，当下降到调节电压以下时，IC 又控制 VT$_1$ 导通，磁场电路又接通，发电机电压重又升高，当电压高至调节电压时，IC 调节器重复上述工作过程。VT$_1$ 循环导通与截止，磁场电路循环接通与切断，将发电机电压控制在某一稳定值（13.3~16.3V）。

4）当磁场绕组断路或磁场电路断路，或发动机停转，使发电机不发电时，此时 P 端电压为零，集成块 IC 得到该信号后，便控制了 VT$_2$ 导通，充电指示灯电路接通而发亮，从而告知驾驶员充电系统有故障。

2.4 接柱式集成电路电压调节器的检测

（1）检测 4 接柱式集成电路电压调节器时，按照如图 3-8 所示方法进行线路连接。

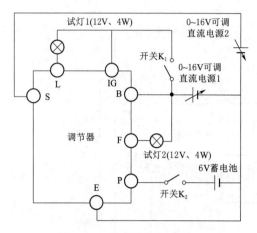

图 3-8 4接线柱集成电路电压
调节器的检测线路图

（2）检测时，在调节器"B"、"S"与"E"接柱间各接一只 0～16V 的可调直流电源，"B"与"F"接柱间接一只 12V、4W 的直流灯泡（代替交流发电机磁场绕组），"L"与"IG"接柱间接一只 12V、4W（代替充电指示灯）的仪表灯泡，并在"IG"与"B"接柱间接一只开关 K_1。当开关 K_1 闭合时，试灯 1 和试灯 2 应点亮。

（3）"P"与"E"接柱间接一只 6V 蓄电池和一只开关 K_2，当开关 K_2 闭合时，试灯 2 应熄灭；当开关 K_2 断开时，试灯 2 应点亮。

（4）调节可调直流电源 1，当电压升高到 15.0～15.5V 以上时，试灯 2 应熄灭；当电压下降到 13.5V 以下时，试灯 2 又应点亮。

若检测结果不符合上述要求，表明集成电路电压调节器损坏。

（5）4 接柱式集成电路电压调节器的产品代表为丰田轿车所采用的电压调节器。丰田轿车发电机用内装集成电路调节器及充电系统电路如图 3-9（a）所示，其外部接脚位置如图 3-9（b）所示。混合集成电路调节器装于发电机内部，构成整体式交流发电机。发电机（搭铁通过本身机体实现）对外有 4 个接线柱，分别为"B"、"S"、"IG"和"L"。

调节器工作过程如下：

1）点火开关接通，发动机停机时，蓄电池电压加在 IG 端子上，IC（单片式集成电路）稳压器检测到这一电压，使 Tr_1 处于交替断-通状态，蓄电池经 B 端子为励磁绕组提供励磁电流，使励磁电流为 0.2A。

磁场电流的电路为：蓄电池正极→熔断器→发电机 B 端子→励磁绕组→IC 调节器 F 端子→Tr_1→E 端子→搭铁→蓄电池负极。

由于发电机尚未发电，P 点电压为零，IC 检测到这一情况，使 Tr_3 接通，Tr_2 断开，充电指示灯亮。

充电指示灯电路为：蓄电池正极→熔断器→点火开关 K→充电指示灯→发电机和调节器 L 端子→Tr_3→E 端子→搭铁→蓄电池负极。此时充电指示灯发亮，指示蓄电池放电。

2）若交流发电机发电电压低于调节电压时，交流发电机发电时，P 点电压上升，IC 将 Tr_1 由交替断-通变为持续接通，为励磁绕组提供充足的励磁电流。P 点电压上升，IC 使 Tr_3 断开、Tr_2 接通，充电指示灯熄灭。

3）若交流发电机发电电压达到调节电压时，IC 检测到 S 端子电压达到标准电压时，使 Tr_1 断开，励磁电流被切断，发电机电压下降，S 端子电压降低于标准时，IC 又检测到这一变化，使 Tr_1 导通。如此交替，控制 S 端电压处于标准值。这时由于 P 点电压高，IC 仍使 Tr_3 断开、Tr_2 接通，充电指示灯熄灭。

4）若 S 端子断路，发电机转动时，如 IC 检测到 S 端断路（没有输入），则使 Tr_1 处于接通-断开状态，以保持输出端 B 的电压为 13.3～16.3V。IC 检测到 S 端子电压过低

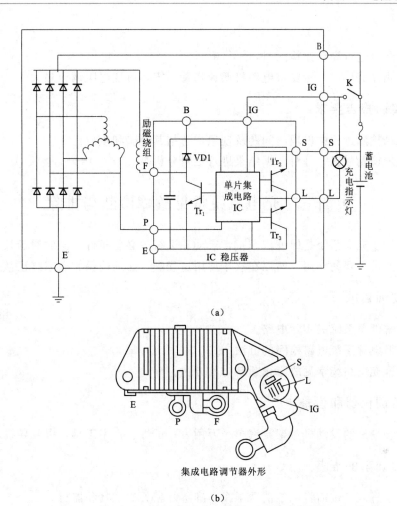

（a）

集成电路调节器外形

（b）

图 3 - 9　丰田汽车充电系统电路原理和集成电路调节器外部接脚位置图
（a）电路原理图；（b）调节器外形及接柱

时，使 Tr_3 接通，Tr_2 断开，充电指示灯亮。

5）若 B 端子断路，当 B 端子断路一段时间，S 端子电压尚未降到最低点时（13V），IC 检测到 P 点电压，使 Tr_1 处于接通-断开状态，将 P 端子电压保持在 20V，防止输出电压不正常升高，保护交流发电机和稳压器。当 S 端子电压降到最低点时（13V），IC 检测到这一情况，使 Tr_3 接通，Tr_2 断开，充电指示灯亮。

6）当转子绕组断路时，如果转子绕组断路，发电机会停止发电，P 点电压变为零。当停止发电，且 P 点电压为零时，IC 检测到这一状态，使 Tr_3 接通，Tr_2 断开，充电指示灯亮。

五、实训注意事项

（1）试验电路不得连接错误。

（2）低压电路未连接好时，不得接通交流电源。

（3）发电机未装夹牢固、发电机中心轴线与电动机中心轴线不一致时，不得进行

67

检测。

（4）发电机进行高转速检测时，不得靠近。

（5）检测完成后，一定要将电动机调速指针回零，可变电阻调至最大。

六、实训报告要求

（1）记录检测过程中出现的问题及现象，总结其经验和重点。

（2）记录检测数据，并对数据结果进行比对分析。

实训三　充电系统常见故障诊断与排除

良好的汽车充电系统是保证汽车正常启动和运行的必备条件，同时对延长蓄电池的使用寿命具有非常重要的作用，所以在汽车使用过程中，必须确保充电系统正常工作。

一、实训目的

（1）了解电源系统的实际电路。

（2）掌握电源系统电路检测的方法。

（3）掌握充电系统常见故障诊断与排除方法。

二、实训仪器和设备

充电系统良好的发动机台架或汽车、万用表、试灯、常用工具，以及导线若干。

三、实训前的准备

（1）汽车进入工位前将工位清理干净，准备好相关的工具和器材。

（2）拉紧驻车制动器，并将变速器置于 N 或 P 挡。

（3）打开并可靠支撑机舱盖。

（4）安装转向盘套、换挡手柄套和座套，铺设地板垫等。

（5）准备零件盒，以备放置零件等。

四、实训内容及步骤

（一）现象观察

1. 充电指示灯不亮

故障现象：接通点火开关时，仪表灯亮，充电指示灯不亮，发动机正常运转时也不亮。

初步判断：可能是励磁回路有故障，要检查充电指示灯、励磁线路以及发电机的调节器、电刷与集电环、励磁绕组、搭铁等。

2. 充电系统不充电

故障现象：发动机启动正常运行后，仪表盘上的充电指示灯仍不熄灭。

初步判断：①励磁回路故障为励磁线路（D＋）对地线短路，或搭铁、励磁绕组短路，搭铁或调节器有故障、电刷与集电环接触不良。②输出回路故障为定子绕组短路、断路或搭铁，二极管损坏。③发电机的传动带过松、断裂，发电机转速过低等。

3. 充电指示灯时亮时灭

故障现象：接通点火开关和发动机正常运转时，充电指示灯时亮时灭。

初步判断：发电机传动带打滑，发电机个别整流二极管断路，一相定子绕组断路或连接不良，电刷与集电环接触不良，调节器调节电压过低，相关线路接触不良。

4. 发电机工作有异响

故障现象：发动机启动和加速时，发电机发出异响。

初步判断：发电机传动带打滑；发电机始终有异响，可能轴承磨损或转子、风扇有碰擦，定子缺相运行。

(二) 故障判断

1. 静态检查判断

接通点火开关，观察仪表灯和充电指示灯。若仪表灯不亮，检查从蓄电池开始至点火开关再至仪表的电路；若仪表灯亮，充电指示灯不亮，检查充电系统的励磁回路。

2. 动态检查判断

发动机启动后，充电指示灯仍亮或时亮时灭或有异响。先检查发电机传动带是否过松和断裂故障，再检查发电机的输出电压和发电机励磁线路，最后检查发电机和调节器。

(三) 充电系统故障诊断与排除的练习

1. 故障设置

将故障分别在充电线路、发电机的传动部分和发电机内部中设置。

2. 故障内容

充电指示灯断路，励磁线路对地短路和断路，蓄电池电压过低，发电机传动带过松、断裂或磨损，带轮磨损，发电机搭铁不良，电刷磨损，调节器损坏，一相定子绕组断路。

3. 诊断步骤

(1) 观察症状。发电机充电指示灯是否显示正常，发电机输出电压是否正常，发电机工作是否有异响。

(2) 万用表测量、分析和判断。根据诊断的症状和外部检测结果，结合线路图进行测量、分析并判断故障部位。

(3) 确诊故障点并排除。

(四) 实例

1. 内装电压调节器电源系统故障诊断

内装电压调节器电源系统常见故障有不充电或充电电流过小两种。下面以上海桑塔纳轿车（内装集成电路调节器）为例（图 3-10），说明整体式交流发电机充电系统故障的判断方法。

(1) 不充电故障的诊断与排除：故障诊断与排除步骤可按如图 3-11 所示的步骤进行。

(2) 充电电流过小的故障诊断与排除方法：充电电流过小时故障诊断与排除步骤可按如图 3-12 所示的步骤进行。

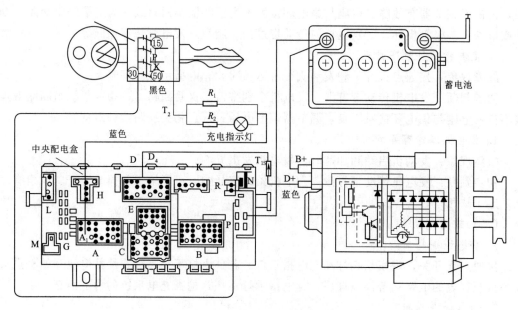

图 3-10　桑塔纳电源系统

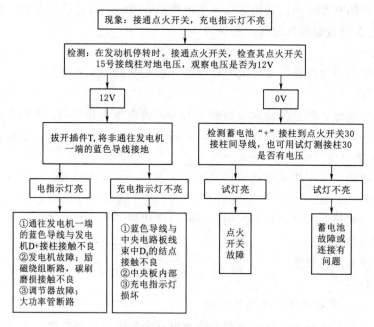

图 3-11　桑塔纳轿车不充电故障的诊断与排除

2. 外装电压调节器电源系统故障诊断

外装电压调节器电源电路常见故障有不充电、充电电流过小和充电电流过大等故障。

引起故障的原因可能是风扇传动带打滑，发电机故障，调节器故障，充电系各连接线路故障，以及蓄电池、充电指示灯和点火开关等有故障。电源系统有故障时，应及时加以诊断并排除，绝不能勉强行驶，以免造成更大损失。

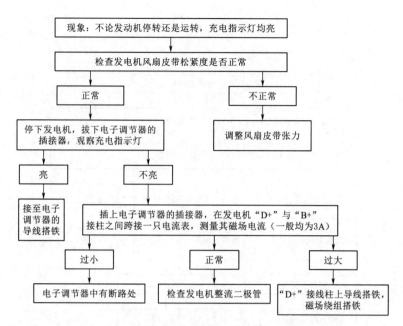

图 3-12 桑塔纳轿车充电电流过小的故障诊断与排除

（1）不充电故障的诊断与排除。

故障现象：汽车发动机在中等转速时，充电指示灯不熄灭。

故障部位及原因：故障部位及原因见表 3-4。

表 3-4　　　　　　　　　　外装电压调节器电源系统不充电故障部位及原因

故障部位		故障原因	排除方法
风扇传动带		过松或断裂	更换
充电指示灯		损坏	更换
发电机	定子绕组	短路或搭铁	建议更换发电机总成
	励磁绕组	短路或搭铁	建议更换发电机总成
	整流器	二极管烧坏、脱焊	脱焊的可以补焊，或更换整流器总成
	集电环或电刷	集电环严重烧蚀、脏污或有裂纹，电刷过度磨损、卡滞	可通过焊接、机加工修复，或更换电刷
调节器		机械式测节器低速触点严重烧蚀或高速触点烧结，晶体管调节器损坏	更换调节器总成
外部线路		断路或接柱松脱	接通电路、拧紧接柱

故障诊断与排除方法：故障诊断与排除步骤可按图 3-13 所示顺序进行。

（2）充电电流过小故障的诊断与排除。

故障现象：若将发动机转速由低速逐渐升高至中速时，打开前照灯，其灯光暗淡或按喇叭的音量小；蓄电池经常存电不足。

故障部位及原因：故障部位及原因见表 3-5。

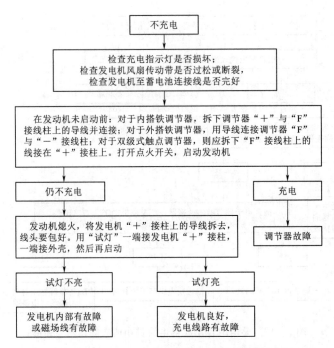

图 3-13 外装电压调节器电源系统不充电故障诊断与排除

表 3-5 外装调节器的电源系统充电电流过小故障部位及原因

故障部位		故障原因	排除方法
风扇传动带		张紧不够	按要求张紧
发电机	定子绕组	匝间短路	建议更换发电机总成
	励磁绕组	匝间短路	建议更换发电机总成
	整流器	个别二极管损坏	对于压装（静配合）的二极管可以个别更换，否则更换整流器总成
	集电环或电刷	集电环轻度烧蚀、脏污，电刷磨损不均、接触不良	可用细砂纸打磨集电环，更换电刷及电刷及弹簧
调节器		机械式调节器触点接触不良，或调节器调节电压过低	更换调节器总成
外部线路		接柱松动或接触不良	拧紧接柱

故障诊断与排除方法：故障诊断与排除步骤可按如图 3-14 所示步骤进行。

（3）充电电流过大故障的诊断与排除。

故障现象：蓄电池电解液消耗过快且有气味；灯泡及熔丝易烧坏；点火线圈过热，分电器触点易烧蚀。

故障部位及原因如下：电压调节器调节电压过高或失控，机械式调节器低速触点烧结。发电机"＋"（电枢）接柱和磁场接柱短路。蓄电池亏电太多，蓄电池内部短路。

故障诊断与排除方法：故障诊断与排除步骤可按照如图 3-15 所示步骤进行。

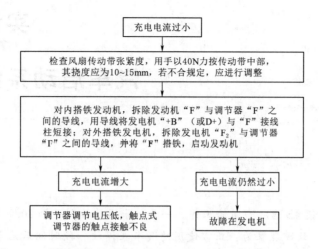

图 3-14 外装调节器的电源系统充电电流过小故障的诊断与排除

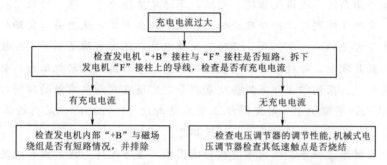

图 3-15 外装调节器的电源系统充电电流过大故障的诊断与排除

五、实训注意事项

(1) 在诊断和检测时，必须按操作规范进行。

(2) 发电机有异响要立即停止，以免损坏。

(3) 要认真观察，多思考，做好相关记录。

六、实训报告要求

(1) 记录检测过程中出现的问题及现象，总结其经验和重点。

(2) 记录检测数据，并对数据结果进行比对分析。

导入案例

张同学在成都某4S店从事维修工作。一天,张同学接到一辆2021年因为不能着火被拖回的SUV汽车。故障现象为:正常使用的汽车在停放一段时间后启动,有一点着火迹象但是不能正常着火。接车后张同学按照师傅平时教的油、气、电、正时的顺序逐个排查,发现该车供油系统、进排气系统、电路、正时系统均正常,汽车修理陷入僵局。张同学仔细思考,突破传统思维,结合理论知识,经过认真分析,认为引起发动机不能正常启动的原因,除了常见的油、电、气、正时的故障以外,还有可能是制动系统故障,制动主缸真空助力器膜片破裂,导致启动瞬间空气从真空助力器流入发动机缸内,引起混合气浓度偏低而不易着火。张同学立即采用真空表测量,发现在发动机启动的瞬间,进气歧管真空度为5~10kPa,明显小于一般发动机正常启动时的11~20kPa。后拆检真空助力器检查,发现膜片老化破裂,更换膜片以后故障排除。

在整个故障排除过程中,张同学突破传统思维,善于思考,没有被传统定向思维所束缚,采用方法合理,展现出科学创新的突破精神。

实训一 启动机的性能检测

启动机是带有开关和单向离合驱动装置、由蓄电池供电的直流电动机。启动机是发动机的一个关键配件,其性能好坏直接影响发动机的启动。

一、实训目的

(1)了解启动机的性能参数。
(2)掌握启动机性能检测的方法。

二、实训仪器和设备

万能实验台、启动机、蓄电池、常用工具及导线等。

三、实训前的准备

(1)准备好相关仪器和设备。
(2)准备零件盒,以备放置零件等。

四、实训内容及步骤

(一) 空载运行试验

1. 空载试验的目的

空载试验是检测启动机在空载条件下，其转速与输入电流是否符合规定要求，来判断启动机机械部分的装配质量和内部电路有无故障。

2. 试验步骤和方法

(1) 将被测试的启动机夹紧在万能试验台的制动夹具上，并按如图 4-1 所示，连接好试验电路。

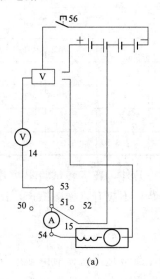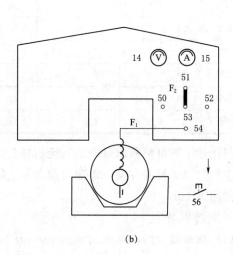

图 4-1　启动机试验电路连接

(a) 启动机空载试验原理图；(b) 启动机空载实验接线操作图

(2) 将附件 F_1 的一端插入插孔 54，另一端与启动机接柱相连，并根据被试起动机的额定电压，用附件 F_2 将 53 与 50、51、52 其中之一相连接（连接 50 端子输入 6V 电压，连接 51 端子输入 12V 电压，连接 52 端子输入 24V 电压）。

(3) 按下按钮 56，启动机开始空载运转，观察万能试验台上的电流表 15，并读出空载电流，同时用转速表测量空载转速。

将测得的空载数据填入表 4-1 中，并与表 4-2 中的标准数据或被试启动机的标准数

表 4-1　　　　　　　　　　　　启动机空载试验数据

启动机型号		
转速/(r/min)	标准值	
	实测值	
电流/A	标准值	
	实测值	
综合评价		①合格，②不合格

表 4-2 　　　　　　　　　　　　　　　　启 动 机 的 性 能 参 数

型　号	额定值		空转特性			全制动特性				电刷弹簧压力/kgf
	电压/V	功率/kW	电压/V	电流/A≤	转速/(r/min)≥	电压/V≥	电流/A≤	转矩≥ /(kgf·m)	/(N·m)	
QD124 QD1211 QD1212	12	1.47	12	90	5000	8	650	3	29.4	0.8～1.3
QD321 QD1255	12	1.10	12	100	5000	8	525	1.6	15.7	1.2～1.5
ST614	24	5.15	24	80	6500		900	6	58.8	1.2～1.8
318	12	1.32	12	90	5000	8	650	2.6	25.9	1.2～1.5
QD26	24	8.09	24	90	3200	9	1800	14.5	142	1.2～1.5
QD27E	24	8.09	24	120	6000	12	1700	14.5	142	2.2～2.6
ST95A	12	1.47	12	100	6000		640	2.6	25.9	0.8～1.3

据进行比较，即可判断出启动机有无机械故障和电气故障。另外，在空转试验中，启动机转动应均匀、无抖振现象，电刷与换向器之间应无火花，而且不应有机械碰擦声，试验时间不能超过 1min。

3. 故障判断

（1）如果测得的电流超出标准值，而转速低于标准值，通常是由机械故障或电气故障引起的。机械故障包括电枢轴与轴承（钢套）的装配间隙过小、电枢与磁极碰擦、各轴承同轴度误差过大及电枢轴弯曲等；电气故障包括电枢绕组和励磁绕组有局部短路或搭铁故障等。

（2）如果测得的电流和转速均低于标准值（蓄电池电压正常），其故障原因主要是：外电路导线接触不良、启动机内部导线接触不良、电刷与换向器接触不良（烧蚀、油污、磨损不均而局部接触或电刷弹簧压力不足等）或电磁开关的触点接触不良等。

（3）如果测得的电流与转速都低于规定值，同时电压表的读数也低于规定值，这主要是蓄电池技术状态不良所造成的。

（二）全制动试验（转矩试验）

（1）全制动试验的目的。全制动试验是检测启动机在全制动条件下，其输出转矩与输入电流是否符合规定要求；可进一步检查启动机内部电路是否有故障，同时，可以检验离合器是否打滑。

（2）试验方法与步骤全制动试验时，必须在空转试验的基础上进行，证明是状态良好的启动机。

1）将被试启动机夹紧在万能试验台的制动夹具上，并用制动连杆上的夹块夹紧驱动齿轮上的 3 个轮齿。对于顺时针旋转的启动机，按图 4-2（a）所示安装紧固；而对逆时针旋转的起动机，按图 4－2（b）所示安装紧固。

2）连接好试验电路（与空转试验相同）。

3）按下万能试验台上的按钮 56（必须按紧，不得松动），时间不超过 5s，启动机被制动，迅速从电压表 14 和电流表 15 的表盘上分别读出电压值和电流值，同时从弹簧秤的刻度上读出扭力数值，并计算启动机的启动转矩（转矩值为弹簧秤的读数与力臂长度的乘积），其转矩不得低于标准值的 90％。全制动试验过程中，启动机工作电流大，动作一定要迅速，以免烧坏启动机线圈和对蓄电池造成不良影响；再次试验时应停歇 10s 才进行。

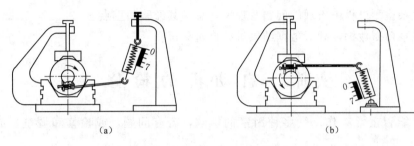

图 4－2　启动机全制动试验夹装方法

（a）顺时针旋转启动机夹装；（b）逆时针旋转启动机夹装

将测得的电压、电流和转矩填入表 4－3 中，并与标准值进行比较，通过分析即可判断出启动机是否有故障。

表 4－3　　　　　　　　　　　　　　启动机全制动试验数据

启动机型号		
电压/V	标准值	
	实测值	
电流/A	标准值	
	实测值	
转矩/(N·m)	标准值	
	实测值	
综合评价		①合格，②不合格

（3）故障判断方法。

1）若测得的电流大，电压低，转矩小，则证明电枢绕组或励磁绕组有局部短路或搭铁故障。

2）若测得的电流和转矩都小，而电压比标准值高，则表示外部电路接线接触不良，电刷与换向器接触不良或局部接触，以及电磁开关触点接触不良等。

3）如果测得的电流和转矩都小的同时，电压也较低，则是蓄电池的技术状况不良所造成的。

4）如果在全制动试验过程中，启动机电枢仍能转动，则证明单向离合器已经失去了单向传递转矩的能力而产生打滑现象。

五、实训注意事项

（1）注意规范操作、连线的正确性。

（2）每次空载检测时间不能超过 1min，以免启动机过热。

（3）制动性能检测时，启动机工作电流大，动作一定要迅速，以免烧坏启动机线圈和对蓄电池造成不良影响。

六、实训报告要求

（1）记录检测过程中出现的问题及现象，总结其经验和重点。

（2）记录检测数据，并对数据结果进行比对分析。

实训二　启动机的检修

启动机能否正常工作，受多种因素的影响，若有问题，或检修和调整，或需更换机件。

一、实训目的

（1）进一步了解启动机的结构。

（2）掌握启动机各部件的检测方法。

二、实训仪器和设备

启动机或汽车、蓄电池、万用表、弹簧秤、游标卡尺、扭力扳手、常用工具等。

三、实训前的准备

（1）汽车进入工位前将工位清理干净，准备好相关的工具和器材。

（2）拉紧驻车制动器，并将变速器置于 N 或 P 挡。

（3）打开并可靠支撑机舱盖。

（4）粘贴翼子板和前脸护裙。

（5）安装转向盘套、换挡手柄套和座套，铺设地板垫等。

（6）准备零件盒，以备放置零件。

（7）准备工具盒，以备放工具。

四、实训内容及步骤

（一）励磁绕组的检修

励磁绕组的常见故障有接头脱焊、绕组匝间短路、断路或搭铁等。接头脱焊和绕组断路故障，解体后可直接看到；绕组匝间短路须通电检测或在汽车电器试验台上用电枢诊断仪检测；绕组搭铁可用万用表的高阻值挡测量绕组端子与外壳之间的电阻值，应为∞。

1. 断路故障检修

用万用表电阻 R×1Ω 量程挡，测量启动机接线柱到绝缘电刷之间的电阻 R，如图 4-3 所示。阻值应接近 0Ω。如果测得数值为∞，说明励磁绕组断路。励磁绕组若在绕组相互连接处断路，可重新进行锡焊；若在绕组中间断裂，则应重新绕制。

2. 短路故障检修

可采用测试励磁绕组磁力的方法检测励磁绕组是否有匝间短路的故障，如图 4-4 所示，用蓄电池 2V 直流电源正极接启动机接线柱，负极接绝缘电刷。将一字螺钉旋具放在每个磁极上，检查磁极对一字螺钉旋具的吸力，应都相同。若某磁极吸力弱，则初步判断为匝间短路。再进一步进行检测：将励磁绕组套在铁棒上，放入电枢感应仪进行检查，如图 4-5 所示。感应仪通电几分钟后，如果励磁绕组发热，则表明匝间有短路故障。如果匝间短路，可拆除外表面的纱带，剔除烧坏的绝缘纸，重新镶嵌新的绝缘纸，再用纱带包扎浸漆烘干即可。

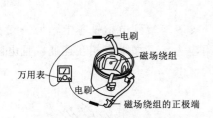

图 4-3 励磁绕组断路故障的检测

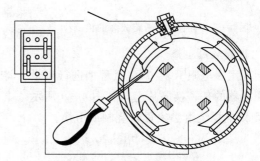

图 4-4 励磁绕组短路故障的检测

3. 搭铁故障检修

用万用表电阻 R×10kΩ 量程挡，测量启动机接线柱与启动机外壳之间的阻值，如图 4-6 所示。测得数值应为∞，否则说明励磁绕组存在搭铁故障。如果绕组中存在搭铁故障，需用新纱带重新包扎，并浸漆烘干即可。

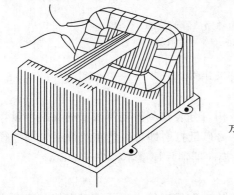

图 4-5 励磁绕组匝间短路的检测

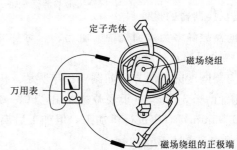

图 4-6 励磁绕组搭铁故障的检测

（二）电枢绕组的检修

电枢绕组的常见故障有断路、匝间短路或搭铁等。可用万用表高阻值挡检测电枢绕组是否搭铁。电枢绕组短路的检测应在专用实验台上进行。

1. 断路故障检修

用万用表电阻的最小量程挡，测量任意两个换向器片之间的电阻值，应为0Ω，如图4-7所示。如果存在阻值，则应更换电枢总成，或重新焊接电枢绕组和换向器片。

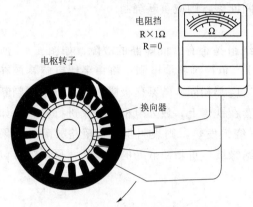

图4-7　电枢绕组断路故障的检测

2. 短路故障检修

用汽车电气万能试验台上的电枢感应仪检测电枢绕组短路故障，电路如图4-8（a）所示。

检测时，将电枢放在电枢感应仪上，手握薄钢锯条与铁芯平行，如图4-8（b）所示，缓慢转动电枢并观察钢锯条的状态，如果钢锯条发生振动或被吸向铁芯，则说明电枢绕组在此位置短路，需要更换。

3. 搭铁故障检修

用万用表电阻 R×10kΩ 量程挡进行测量。将一支表笔接到电枢铁芯上，另一支表笔接到换向器的任一换向片上，如图4-9所示，电阻应为∞。如果有相互连通，且电阻为0Ω，则该电枢绕组必须重新绕制或更换。

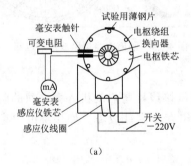

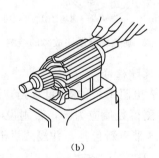

（a）　　　　　　　　　　　　　　　　（b）

图4-8　电枢绕组短路故障的检测

（a）电枢检测原理图；（b）跳片示意图

（三）换向器的检修

换向器故障多为表面烧蚀、脏污、云母片突出等。

1. 换向器圆度的检测

换向器圆度的检测方法如图4-10所示。用百分表检测换向器表面的圆跳动量，不得大于极限值0.03mm。对于轻微烧蚀用"00"号砂纸打磨即可。严重烧蚀或失圆（径向圆跳动＞0.05mm）时应进行机加工，但加工后换向器铜片厚度不得少于2mm。

2. 换向器最小直径的检测

换向器最小直径的检测如图4-11所示。检测数值不得小于使用极限值，否则应更换电枢。

3. 换向器磨损的检测

换向器磨损的检测如图4-12所示。对于云母层过高、切口过窄、过浅或呈V形断面等情况，均应更换。检修时，若换向器铜片间槽的深度小于 0.2mm，就需用锯片将云母片割低至规定的深度。

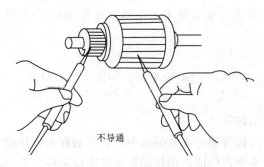

图 4-9　电枢绕组搭铁故障的检测

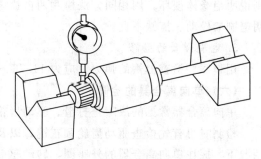

图 4-10　换向器圆度的检测

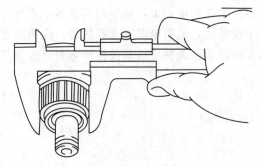

图 4-11　换向器最小直径的检测

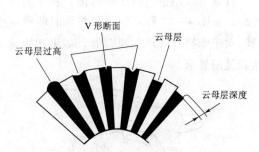

图 4-12　检测换向器云母层的深度和形状

（四）电枢轴的检修

电枢轴的常见故障是弯曲变形。电枢轴弯曲变形的检测如图 4-13 所示。将电枢轴用 V 形铁支承，用百分表检查电枢轴的圆跳动量。电枢轴径向跳动应不大于 0.15mm，否则应用冷压校正或更换电枢。

（五）电刷与刷架的检修

1. 电刷高度的检测

电刷高度的检测如图 4-14 所示。电刷磨损后的高度不应小于电刷原高度的 2/3，一般不小于 10mm，电刷与换向器的接触面不低于 75%，并且要求电刷在电刷架内活动自如、无卡滞现象，否则应进行修磨或更换。

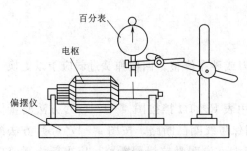

图 4-13　电枢轴弯曲变形的检测

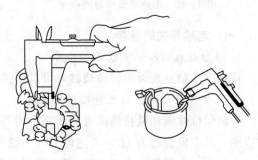

图 4-14　电刷高度的检测

2. 电刷架的检测

用万用表的导通挡位检测两绝缘电刷架与电刷架座盖之间的电阻值，阻值应为∞，否则说明绝缘体损坏。用相同方法检测两搭铁电刷架与电刷架座盖，阻值应为0Ω，否则说明电刷架松动、搭铁不良。

3. 电刷弹簧的检修

用弹簧秤检查弹簧的弹力，应为11.76～14.71N，过弱应更换，如图4-15所示。

（六）单向离合器的检修

单向离合器常见的故障是打滑、驱动齿轮损坏等。

检测时可首先检查驱动齿轮和花键，以及飞轮齿圈有无磨损或损坏。在确保无损坏的情况下，握住单向离合器的外座圈，转动驱动齿轮，应能自由转动，反转时应锁住，否则应更换单向离合器。

具体可以用扭力扳手来检测。将单向离合器夹紧在台虎钳上，向单向离合器压紧方向旋转，如图4-16所示。如果打滑时的转矩小于规定值，说明单向离合器打滑，应予以更换。对于摩擦片式单向离合器，如果转矩偏小，可以通过调整压环前的弹性垫圈厚度使其达到使用要求。

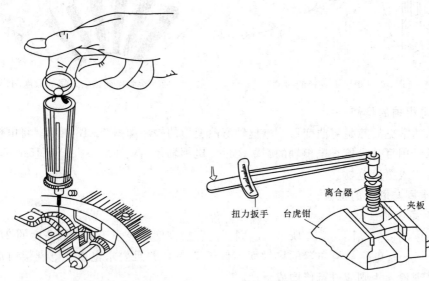

图4-15 电刷弹簧弹力的检测　　　　图4-16 单向离合器扭矩的检测

（七）电磁开关的检修

1. 接触盘表面和触点表面的检修

接触盘及触点表面有轻微烧蚀，可以用锉刀或砂布修整。回位弹簧过弱应予以更换。

2. 保位线圈和吸拉线圈电阻值的检测

检测保位线圈和吸拉线圈有无断路。用万用表R×1Ω挡按图4-17（a）方法测量保位线圈，其电阻值约为1Ω，若电阻为∞，说明保位线圈已断路。按图4-17（b）方法测量吸拉线圈，电阻值约为0.5Ω，若电阻为无穷大，说明吸拉线圈断路，应重新绕制或更换。部分启动机电磁线圈的标准电阻值见表4-4。

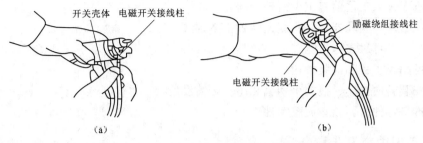

图 4-17 启动机电磁开关线圈电阻值的检测

(a) 保位线圈的检测；(b) 吸拉线圈的检测

表 4-4 启动机电磁开关线圈的电阻值

启动机型号	保位线圈/Ω	吸拉线圈/Ω	启动机型号	保位线圈/Ω	吸拉线圈/Ω
QD1211	0.88±0.1	0.27±0.05	QD124F	0.97±0.1	0.6±0.05
QD124A	1.29±0.12	0.33±0.03			

五、实训注意事项

(1) 注意规范操作及各仪器设备的正确使用。

(2) 注意观察，以免故障遗漏。

(3) 注意和标准值比较，快速确定故障。

六、实训报告要求

(1) 记录检测过程中出现的问题及现象，总结其经验和重点。

(2) 记录检测数据，并对数据结果进行比对分析。

实训三 启动系统常见故障诊断与排除

启动机能否正常的工作，直接关系到汽车能否正常行驶，其重要性不言而喻，所以必须对启动系统及时进行故障诊断和排除，才能有效地提高车辆的使用性能。

一、实训目的

(1) 熟悉启动系统的工作原理和控制。

(2) 掌握启动系统的常见故障诊断与排除方法。

二、实训仪器和设备

实训用轿车、万用表、试灯、常用工具。

三、实训前的准备

(1) 准备好相关的工具和器材。

（2）汽车进入工位前将工位清理干净。

（3）拉紧驻车制动器，并将变速器置于 N 或 P 挡。

（4）打开并可靠支撑机舱盖。

（5）粘贴翼子板和前脸护裙。

（6）安装转向盘套、换挡手柄套和座套，铺设地板垫等。

（7）准备零件盒，以备放置零件。

四、实训内容及步骤

各型汽车启动系统常见故障有接通启动开关启动机不转、启动机空转、启动机运转无力，以及驱动齿轮与飞轮齿圈不能啮合而发出撞击声。

（一）启动机不转的故障诊断与排除

1. 故障原因

将点火钥匙转到启动挡时，启动机不转的原因如下：

（1）蓄电池严重亏电。

（2）蓄电池正、负极柱上的电缆接头松动或接触不良。

（3）电动机开关触点严重烧蚀或两触点高度调整不当而导致触点表面不在同一平面内，使触盘不能将两个触点接通。

（4）换向器严重烧蚀而导致电刷与换向器接触不良。

（5）电刷弹簧压力过小或电刷在电刷架中卡死。

（6）电刷引线断路或绝缘电刷（即正电刷）搭铁。

（7）磁场绕组或电枢绕组有断路、短路或搭铁故障。

（8）电枢轴的铜衬套磨损过多，使电枢轴偏心而导致电枢铁芯"扫膛"（即电枢铁芯与磁极发生摩擦或碰撞）。

2. 故障诊断与排除方法

各型汽车启动系统故障的诊断与排除方法基本相同，仅具体线路有所不同。出现启动机不转的故障时，首先应检查蓄电池存电情况和导线特别是蓄电池搭铁电缆和火线电缆的连接情况，然后再检查启动机和开关。故障诊断与排除程序如图 4-18 所示，检查与判断方法如下：

（1）接通汽车前照灯或喇叭，若灯发亮或喇叭响，说明蓄电池存电较足，故障不在蓄电池；若灯不亮或喇叭不响，说明蓄电池或电源线路有故障，应检查蓄电池搭铁电缆和火线电缆的连接有无松动，以及蓄电池存电是否充足。

（2）如图 4-19 所示，若灯亮或喇叭响，说明故障发生在启动机、开关或控制电路。可用螺丝刀将启动机端子"30"与"C"接通，使启动机空转。若启动机不转，则电动机有故障；若启动机空转正常，说明电磁开关或控制电路有故障。

（3）诊断电动机故障时，可据螺丝刀搭接端子"30"与"C"时产生火花的强弱来辨别。若搭接时无火花，说明磁场绕组、电枢绕组或电刷引线等有断路故障；若搭接时有强烈火花而启动机不转，说明启动机内部有短路或搭铁故障，需拆下启动机进一步检修。

（4）诊断是电磁开关还是控制电路故障时，可用导线将蓄电池正极与电磁开关"50"

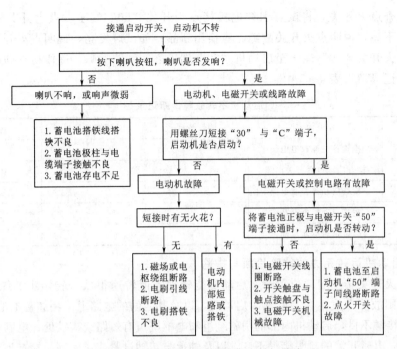

图4-18 启动机不转的故障诊断与排除

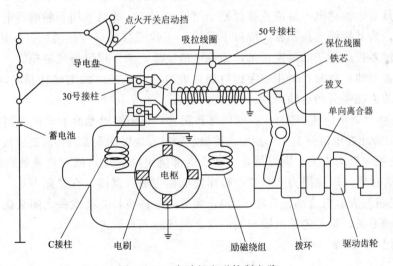

图4-19 启动机电磁控制电路

端子接通（时间不超过3～5s），如接通时启动机不转，说明电磁开关故障，应拆下检修或更换电磁开关；如接通时启动机转动，说明端子"50"至蓄电池正极之间线路或点火开关故障。

（5）排除电磁开关端子"50"至蓄电池正极之间线路或点火开关故障时，可用万用表或12V、2W试灯逐段进行诊断排除。将试灯一个引线电极搭铁，另一个引线电极接点火开关"30"端子，如试灯不亮，说明蓄电池正极至点火开关间的线路断路；若试灯发亮，说明该段线路良好，继续下述检查。

（6）检查点火开关，将试灯引线电极接点火开关"50"端子，点火开关转到启动位置，如试灯不亮，说明点火开关故障，应换用新品；如试灯发亮，说明点火开关良好，故障发生在点火开关"50"端子至启动机"50"端子之间线路故障，逐段检查即可排除。

将诊断记录填入表 4－5 中。

表 4－5　　　　　　　　　　　　　启动机不转故障诊断记录

序　号	作业内容	测量数据	分析测量结果	备　注
1	检验蓄电池放电电压			
2	检查启动电磁开关电压			
3	检查启动机控制电路			
4	短接启动机电磁开关			线路故障
5	确定是否拆卸启动机			

（二）启动机运转无力的故障诊断与排除

若将点火开关转到启动位置时，启动机能转动，但转速很低（转矩小的缘故），不能正常启动，则故障多发生在蓄电池、启动机，以及其之间的电路上。例如蓄电池亏电较多，可能是导线接触不良、启动机内部的励磁绕组和电枢绕组有短路或搭铁处、电刷与换向器之间接触不良、电磁开关的触头接触不良，以及轴承与转轴过紧或过松等。检查步骤如下：

（1）检查蓄电池是否亏电。可按喇叭和开前照灯试验，若喇叭音量小，前照灯灯光暗淡，则可能是蓄电池存电不足或连接线松动而接触不良。此时可用手触摸蓄电池各接线端子，若发热，为其接线连接不良，应拆下导线，用砂纸打磨后重新装回，并用螺栓紧固；若手摸蓄电池各接线端子的温度正常，为蓄电池故障，应予以维修或更换。

（2）当蓄电池正常时，再用一字螺钉旋具短接启动机的电源主接柱和电动机主接柱，观察短接处的火花强弱和启动机的运转情况。

1）火花强（表示电流很大），启动机运转正常，证明蓄电池到启动机之间的线路和启动机良好，故障出在电磁开关上。例如，接触盘和触头烧蚀严重或脏污而造成接触不良等。

2）火花强，启动无力，则可能是启动机内部绕组局部短路或有搭铁处；也可能是转轴与轴承配合过紧（摩擦阻力大）或过松而使电枢与磁极碰擦（有摩擦声）。

3）火花弱（表示电流小、启动无力），则可能是接线柱与接线头之间氧化、脏污或松脱，引起接触不良；也可能是电刷与换向器之间接触不良。

将诊断记录填入表 4－6 中。

表 4－6　　　　　　　　　　　　　启动机运转无力故障诊断记录

序　号	作业内容	测量数据	分析测量结果	备　注
1	检验蓄电池放电电压			
2	检查启动机控制电路			
3	检查启动电磁开关			
4	检查启动机主供电电路			
5	确定是否拆卸启动机			

（三）启动机空转的故障诊断与排除

接通点火开关启动挡，启动机只是空转，不能带动发动机曲轴运转，原因可能是单向离合器打滑、拨叉脱落或变形、缓冲弹簧折断或太软、飞轮齿环有几个齿损坏、电磁开关行程调整不当，以致开关闭合时间过早或启动机固定螺钉松动等。检查步骤如下：

（1）启动机空转时转速很高，可听到高速转动的"嗡嗡"声，但发动机不转，一般为单向离合器打滑，可检查单向离合器锁止力矩，并予以修理调整。

（2）启动机空转且伴有齿轮撞击声，可检查缓冲弹簧是否折断或过软、启动机电磁开关行程调整是否得当、启动机固定螺钉是否松动等，并根据情况予以修理。

（3）启动机空转，此时切断电源，摇转曲轴，使飞轮齿环转过一个角度，再启动，可以正常带动发动机运转，说明飞轮齿环有连续几个齿损坏。

（四）启动机异响的故障诊断与排除

启动机工作时有异响，一般故障原因为电磁开关工作不良、蓄电池亏电或机械故障等。检查步骤如下：

（1）启动机驱动小齿轮周期性地撞击飞轮齿环，发出"哒、哒……"声，一般是电磁开关的保持线圈或吸拉线圈断路、短路或接触不良，蓄电池亏电。诊断方法如下：

1）首先检查蓄电池是否亏电（按喇叭，开大灯观察喇叭音响和灯光明亮程度是否正常），也可先用万用表检测蓄电池电压。当接通启动机时，其电压应不低于 9.6V。如果电压过低，则说明蓄电池严重亏电或内部短路，应予更换；若蓄电池存电良好，则为电磁开关工作不良。

2）用万用表检查电磁开关的保持线圈和吸拉线圈是否短路、断路或接触不良。

（2）启动时启动机有"扫膛"现象，故障为转子轴轴向间隙过大，一般为铜套磨损或损坏，可解体启动机更换铜套。

（3）启动时有较大的响声且转子转动无力，一般是装配过紧或转子轴弯曲等机械故障导致，此时必须解体启动机进行检查并按规定装配。

五、实训注意事项

（1）注意规范操作，以及各仪器设备的正确使用。

（2）注意观察，以免故障遗漏。

（3）认真记录相关参数。

六、实训报告要求

（1）记录检测过程中出现的问题及现象，总结其经验和重点。

（2）记录检测数据，并对数据结果进行比对分析。

汽车点火系统的检测

导入案例

一辆奥迪轿车发动机不能启动。打开点火开关，观察交流发电机充电指示灯及其他警告灯，灯亮；关闭点火开关，从分电器盖上拔下中央高压线，使其端部距缸体5～7mm，然后接通点火开关，启动发动机，中央高压线端无火花，说明点火系统有故障。

检查各连接导线及线束插头，均正常。将万用表置于直流电压挡，红表笔接点火线圈"一"（绿色）接线柱，黑表笔接地。接通点火开关，启动发动机，表针始终指向12V左右不动，即一次电路不能正常通断，说明霍尔传感器或点火控制器可能有故障。

为了判断出故障部位，用旁路信号发生器法进行检查。其方法是断开点火开关，拔下分电器盖上的中央高压线，使其端部距缸体5～7mm。拔出分电器信号发生器线束插接器与点火控制器相连的插头，用一跨接线，一端接在信号线插头上，另一端断续瞬间接地。接通点火开关，中央高压线跳火，说明故障可能在霍尔传感器。

为了进一步确诊，先断开点火开关，将中央高压线从分电器接线柱上拔下，并将其接地。从点火控制器上拔下绝缘套，撬开接头，将万用表红表笔、黑表笔接触对应接触点，打开点火开关，按发动机旋转方向转动发动机曲轴，万用表读数始终指向6V不变，说明霍尔传感器有故障。换上一个新的霍尔传感器，发动机工作正常，故障排除。

在整个检测过程中，发动机出现的故障，往往表现出的只是故障现象，而不是故障的本质，如何用科学的方法透过故障现象去了解故障的本质，对汽车修理人员是十分重要的。严谨负责的工作态度和过硬的专业知识，采用科学的分析方法，逐一判别可能出现的故障点，直至确定最终故障位置，是解决汽车故障应当具备的能力。

实训一　传统点火系统的检测

点火系统是汽油发动机重要的组成部分，点火系统的性能是否良好对发动机的功率、油耗和排气污染等影响很大。汽车在行驶中出现的发动机工作不良，点火系统的故障占了很大的比例。因此，具有性能优良、工作可靠的点火系统，一直是广大使用者追求的目标。

一、实训目的

（1）熟悉点火系统的组成和作用。

（2）掌握点火系统电路及各元件的检测方法。

（3）能检测点火系统电路及各元件的好坏。

（4）学习掌握常见故障的诊断与排除方法。

二、实训仪器和设备

常用工具、汽车电器试验台、万用表、兆欧表、游标卡尺、塞尺、弹簧秤、试灯、手动真空泵、火花塞清洗试验器、钢丝刷，以及调火花塞间隙专用工具。

三、实训前的准备

（1）准备好相关仪器和设备。

（2）准备工具盒，以备放工具等。

四、实训内容与步骤

（一）点火线圈的检测

1. 电阻值的测量

一次绕组的短路、断路、搭铁和过热都会引起点火系统不能正常工作。将万用表拨到R×1Ω挡，使两表棒分别与点火线圈一次绕组两端的接线柱相接触，如图5-1所示。一次绕组阻值应符合原厂规定值，见表5-1。若阻值小于规定值，则说明匝间有短路；若阻值无穷大，则说明一次绕组断路。

将万用表拨到R×1kΩ挡，用两表棒分别接在"＋"接线柱与高压插孔之间，如图5-2所示。二次绕组阻值应符合原厂规定值，见表5-1。

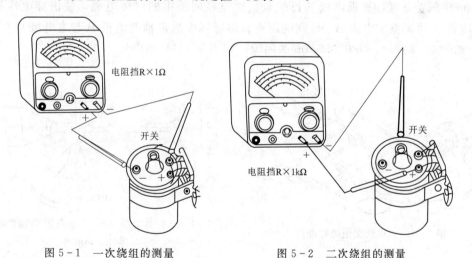

图5-1　一次绕组的测量　　　　图5-2　二次绕组的测量

将万用表拨到R×1Ω挡，将两表棒分别接在点火线圈附加电阻两端的接线柱上，阻值应为1.3～1.8Ω，见表5-1。若阻值无穷大，则说明附加电阻已断路。

2. 绝缘性能检查

点火线圈一次、二次绕组与外壳应绝缘。检查时用兆欧表检查接线柱与外壳的绝缘电阻。采用500V兆欧表测量时，阻值不得小于200MΩ，如图5-3所示。

表 5-1　　　点火线圈（12V）一次绕组、二次绕组及附加电阻的电阻值（20℃）

型　号	一次绕组/Ω	二次绕组/kΩ	附加电阻/Ω	适用机型
DQ122B	3.1～3.62	6.2～7.3	无	各型 4～6 缸汽油发动机
DQ124	3.6	7.3	无	各型 4～6 缸汽油发动机
DQ125	1.5	7.3	不自带电阻时串 1.7	东风 EQ1090 系列各型 4～6 缸汽油发动机
DQ125T	1.5	7.3	自带电阻 1.5	微型汽车
DQ130	1.8～2.0	6.5	自带电阻 1.4～1.5	各型 4～6 缸汽油发动机
DQ130U	1.5	7.3	自带电阻 1.5～1.7	解放 CA1091 系列各型 4～6 缸汽油发动机
DQ132A	1.5	7	另配 1.7	尼桑、丰田、三菱、奔驰、道奇、雪佛兰汽车
DQ170	65	3	无	无触点 4～6 缸
JDQ171	0.52～0.76	1.4～3.5	无	桑塔纳汽车
JDQ172	0.7～0.8	3～4	无	解放 CA1091、1092

3．点火线圈发火强度试验

点火线圈发火强度可用比较法进行检验，将需要检验的点火线圈与标准点火线圈安装到点火系统内做跳火试验，比较两者火花强度，从而鉴别出点火线圈性能的好坏。还可在汽车电器试验台上进行三针放电试验，鉴别点火线圈的发火强度。

试验时，将一次绕组和蓄电池及断电器串联。断电器凸轮轴用可变速的电动机驱动。三针放电装置如图 5-4 所示。三针放电器具有两个主电极 A、C 和一个辅助电极 B。主电极 A 搭铁，C 接高压线，辅助电极 B 不与其他电路连接，它和主电极 C 之间有 0.05～0.1mm 的间隙。增加辅助电极的目的是促使电极间隙中的气体电离，使击穿电压稳定。移动电极 A 可调整主电极 A、C 间的距离。国际标准规定辅助电极 B 与主电极 C 之间成65°，如图 5-4 所示。击穿 5.5mm 的间隙，相当于 124V 的电压。

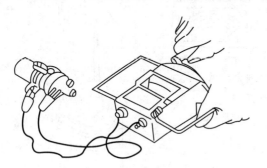

图 5-3　点火线圈绝缘性能检查

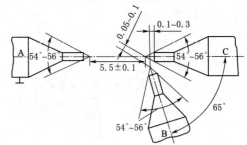

图 5-4　三针放电器（A、C 主电极 B 辅助电极）
（单位：mm）

试验时，先将三针放电器的间隙调整到 7mm，然后启动电动机，使分电器低速运转，待点火线圈温度升高到工作温度（66～70℃）时，将分电器的转速提高到 1900r/min，然后调整三针放电器的接铁极 A，使跳火间隙逐渐增大，直到二次电压在 30s 内连续击穿三针放电器间隙，则证明点火线圈良好。此时，测量间隙的大小（毫米数），并乘以转速，就可求得二次电压值，应符合标准值。

试验时，若火花微弱并有间断现象，则表明点火线圈性能不好。

（二）分电器检修

1. 断电器的检修

（1）触点应平整光洁，无脏污、烧蚀。接触面积不得少于85%，表面粗糙度不得大于0.4μm，单个触点厚度不得小于0.5mm。两触点的中心线应重合，不可歪斜，偏移不得超过0.2mm，如图5-5所示。若上、下有偏移，可借活动触点臂的上、下垫圈加以调整。如左、右偏移，可用钳子扭动固定触点架加以校正。

（2）断电触点间隙调整。缓慢转动分电器轴，使断电凸轮凸角正好顶起触点顶块将触点完全张开，如图5-6所示。松开紧固螺钉1，转动偏心调整螺钉2，使触点轻轻压着合乎尺寸的塞规片，将紧固螺钉重新旋紧。拧紧后应重新检查间隙。一般断电触点间隙应为0.35~0.45mm，间隙过小，易造成高压火弱、点火过迟、低速断火、触点易烧蚀故障；间隙过大，易造成高压火弱、点火过早或高速断火故障。

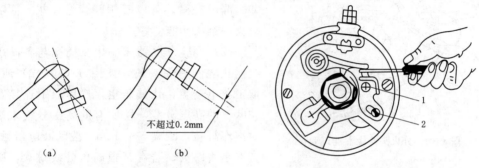

不超过0.2mm

（a）　　　　　　　　　（b）

图5-5　触点接触不良的情况
（a）触点歪斜；（b）触点偏移

1—紧固螺钉
2

图5-6　断电触点间隙的调整
1—紧固螺钉；2—调整螺钉

（3）检查触点臂弹簧张力。用弹簧秤垂直测量动触点臂弹簧张力，如图5-7所示。当触点刚刚分开时的读数应符合规定，一般为4.9~6.9N。

（4）凸轮的工作表面应光洁、无腐蚀、无裂纹，沟槽各顶端对轴线的径向圆跳动公差为0.03mm。凸轮棱角最容易磨损，从而导致触点间隙变小或闭合角变小，降低点火系统的点火能量和点火均匀性。

图5-8为较简便地检测凸轮磨损量的方法。使用游标卡尺测量凸轮各对顶角磨损处的直径，然后与标准尺寸进行对比。凸轮的最大磨损处不得超过0.4mm，各凸角磨损的不均匀度不应大于0.03mm，凸角坡高点分布不均匀度偏差不超过上述值时，应更换凸轮。

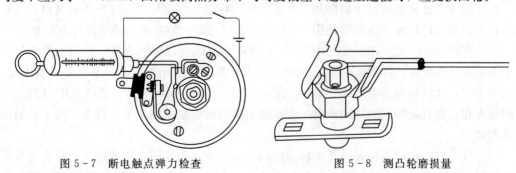

图5-7　断电触点弹力检查

图5-8　测凸轮磨损量

2. 配电器的检修

(1) 检查分电器盖高压线插孔中有无烧蚀、锈蚀或脏污。若有烧蚀、锈蚀或脏污现象应及时清除干净。检查分电器盖内的炭精棒是否发卡或松脱，如有发卡或松脱现象应及时修复。

图 5-9 分火头绝缘性能试验

(2) 检查分火头的绝缘。用高压电检查分火头的方法如图 5-9 所示。拆下分电器盖，从分电器盖中央插线孔内拔出高压总线，并对准分火头上的导电铜片 5～7mm，同时拨动断电器触点，查看有无火花出现。若火花强烈，表明绝缘被击穿，漏电严重，将引起发动机断火，必须更换新件；若火花微弱，说明绝缘性能稍差，漏电轻微，可以暂用；若无火花，证明该分火头绝缘性能良好。

(3) 检验分电器盖的中央插孔与各高压分线插孔之间有无裂纹，如图 5-10 (a) 所示。取下分电器盖，让其悬空，然后取下连接在火花塞上的高压分线，使所有的高压分线末端均对准汽缸盖，距离 5～7mm。拨动断电器触点，查看是否跳火。若有某根高压分线跳火，则说明该分线插孔与中央高压线插孔之间有裂纹或有砂眼而窜电，此分电器盖不能再用，必须更换；若所有的高压分线均不跳火，则证明分电器盖上的中央插孔与各高压分线插孔之间完好无损。

(4) 检验分电器盖上的各高压分线插孔之间有无损伤，如图 5-10 (b) 所示。取下分电器盖，拔出全部高压线，然后把高压总线任意插入分电器盖上的一个分线插孔，另用两根高压分线分别插入与高压总线相邻的两个插孔内，使这两根高压分线的另一端对准汽缸盖，距离 5～7mm。同时拨动断电器触点，查看跳火情况。若有某根高压分线跳火，说明该分线插孔与插入高压总线的那个插孔之间有裂纹或砂眼而窜火。其他高压分线插孔的检查方法依此类推。窜电的分电器盖应报废，更换新件。

3. 电容器的检测

电容器的常见故障是击穿短路和引出线断路。检查这些故障可以在汽车电气设备万能试验台上采用氖灯检查，也可以使用 220V 交流试灯检查，或在车上使用高压电检查。

(1) 使用 220V 交流试灯检查电容器。将交流试灯的两试棒一个接电容器的引线，另一个接电容器的壳体，如图 5-11 (a) 所示。若试灯亮，说明电容器击穿短路。若不亮，将试棒去掉，将电容器的引线碰电容器壳体，如图 5-11 (b) 所示，进行放电试验。若有明显火花，而且能听到跳火的声响，说明电容器的容电量基本正常；若无火花，说明电容器断路。

(2) 就车取线比较法检查。将电容器引线拆下，取点火线圈中央线跳火；再将电容器引线接回，取点火线圈中央线跳火。两次火花前者应比后者弱，若两次跳火强度一致，说

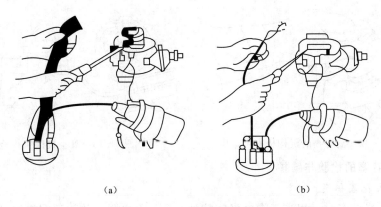

图 5-10 分电器盖窜火试验

（a）查中央插孔与旁插孔窜火；（b）查旁插孔间窜火

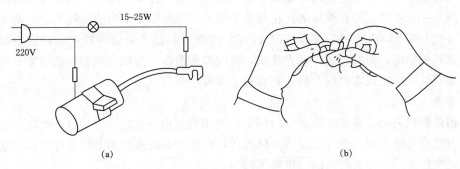

图 5-11 交流试灯法查电容器好坏

（a）电容器检测接线图；（b）放电试验

明电容器失效。若拆去反而有高压火，接回无高压火，说明电容器已击穿短路。

4. 离心提前机构的检修

检查离心重块甩动是否灵活平稳，所有销孔结合处应无卡滞或松旷现象，托板与分电器轴静配合应良好。

检查离心块拉簧，当发现有折断、变形和表面出现严重磨痕时，应及时更换。将分电器轴固定不动，使凸轮向正常旋转方向转至极限位置，放松时，凸轮应立即返回原位，如图 5-12 所示。

5. 真空提前机构的检修

检查真空提前机构的工作性能和膜片室密封性能是否良好的方法：将手动真空泵接到真空提前机构的管接螺母上，如图 5-13 所示。当施加负压时，膜片能带动真空提前机构拉杆移动；若负压消失，拉杆能迅速回位，说明真空提前机构工作性能良好。当施加 66.7kPa 左右的负压时，若真空表的指针能保持 1min 稳定不动，说明膜片气密性能良好。

更为简便的检查方法是：用嘴吸吮真空提前机构管端，膜片应能带动真空膜片拉杆移动，否则说明密封性差，应予以更换。

两级式的真空提前机构，应将主膜片室和副膜片室分开进行检查，两室的气密性能必须良好。

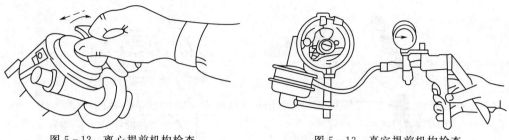

图 5-12　离心提前机构检查　　　　　　图 5-13　真空提前机构检查

（三）火花塞的检验与维护

1. 清除火花塞积炭

火花塞积炭较多时，相当于在电极间隙处并联一个电阻，称为泄漏电阻，使二次电压不易建立，甚至造成发动机断火。

清除火花塞积炭，不应使用钢丝等工具，以免损伤绝缘体。应当使用火花塞清洗试验器，如图 5-14 所示。将有积炭的火花塞装于试验器带有橡皮圈的清洗孔中，启动空气压缩机，待气压升至 68～70kPa 时，打开压缩空气阀门，让压缩空气鼓吹集砂袋中的砂粒喷射火花塞的裙部，同时缓缓转动火花塞，使内腔各表面上的积炭和积垢被清除干净。最后用压缩空气吹净火花塞内残存的砂粒和粉尘即可。

2. 修整火花塞

用钢丝刷刷去火花塞螺纹沟槽中的积垢，所用刷丝的直径应为 0.015mm 以下。再用什锦锉刀修磨电极表面，使其显露出金属光泽，恢复中心电极和侧电极原有形状。这样有利于火花塞的使用和降低跳火的二次电压。

3. 火花塞间隙的调整

火花塞间隙一般为 0.60～0.80mm，测量时应用钢丝式专用量规，不得使用普通量规，如图 5-15（a）所示。火花塞间隙过小，穿透电压下降，电火花强度变弱，当汽缸新鲜混合气受废气冲淡的影响较大时，可能产生缺火现象；若火花塞间隙过大，造成火花塞穿透电压升高，点火线圈绝缘击穿失效。

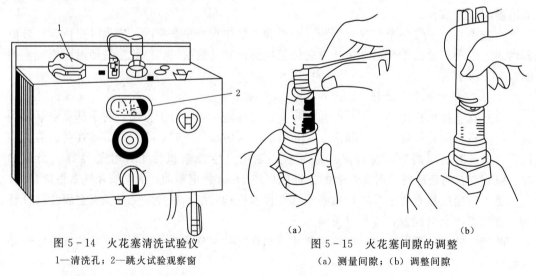

图 5-14　火花塞清洗试验仪　　　　　　（a）　　　　　　　　　　（b）
　　1—清洗孔；2—跳火试验观察窗　　　　图 5-15　火花塞间隙的调整
　　　　　　　　　　　　　　　　　　　（a）测量间隙；（b）调整间隙

火花塞间隙不符合规定数值时，可以使用专用工具弯曲旁电极进行调整，如图5-15（b）所示。

4. 火花塞性能试验

火花塞工作时处于800kPa以上的气体压力下，所以试验火花塞的跳火需要模拟其工作环境，才能准确判断其性能。在火花塞清洗试验仪上进行跳火试验，其方法：将火花塞拧入图5-14清洗孔右方的火花塞孔中，启动空气压缩机，慢慢调高箱内的充气压力，当到达900kPa时，打开开关，从跳火实验观察窗2看跳火情况。若火花塞间隙连续产生强烈的蓝色火花，说明性能良好；否则，说明火花塞性能欠佳，不宜使用。

（四）高压线的检修

1. 电阻测量

取下高压线，用万用表电阻挡进行高压线电阻的检测。将万用表两触针分别接每条高压线的两端，测其电阻值。此电阻值小于25kΩ，说明高压线性能良好。否则，将影响高压火花的强度，说明高压线性能不良，应予以更换。

2. 高压线的维护

现代发动机点火系统产生极高的电压和温度。长时间承受高压和高温的火花塞接头套（甚至高压线）会软化，并熔接在火花塞的瓷管上。为此，可以在高压线绝缘套、靠近热源的绝缘层表面涂上硅润滑剂，并注意高压线的排列，避免打折。

五、实训注意事项

（1）使用万用表检测时，注意挡位的选择。

（2）检查点火线圈发火强度时，要防止人体被高压击中。

六、实训报告要求

（1）记录检测过程中出现的问题及现象，总结其经验和重点。

（2）记录检测数据，并对数据结果进行比对分析。

实训二　电子点火系统的检测

点火系统的电子化，使得点火系统的点火性能进一步提高，工作可靠性加强，这对降低发动机的油耗和排污，提高发动机的动力性、经济性和工作可靠性都起了很大的作用。掌握电子点火系统的检测是每个汽车专业学生必备的基本技能。

一、实训目的

（1）熟悉电子点火系统电路组成及各元件的检测方法。

（2）掌握电子点火系统故障诊断的基本方法。

（3）能检测电子点火系统电路及各元件的好坏。

二、实训仪器和设备

常用工具、万能表、塞尺、磁脉冲式分电器、装有磁脉式分电器的轿车、霍尔式分电器、装有霍尔式分电器的教学试验板。

三、实训前的准备

（1）准备好需要使用的相关仪器和设备。

（2）汽车进入工位前将工位清理干净。

（3）拉紧驻车制动器，并将变速器置于 N 或 P 挡。

（4）打开并可靠支撑机舱盖。

（5）粘贴翼子板和前脸护裙。

（6）安装转向盘套、换挡手柄套和座套，铺设地板垫等。

（7）准备零件盒，以备放置零件。

四、实训内容及步骤

（一）磁脉冲信号发生器的检查与调整

1. 磁脉冲信号发生器间隙的检查

（1）在装有磁脉分电器的汽车上，用扳手拆下蓄电池的负极导线。

（2）拆下分电器盖。

（3）用非磁性黄铜测隙片来测量信号发生器转子与传感器线圈凸起部分之间的间隙。当信号发生器转子凸齿与传感器铁芯对齐时，间隙一般为 0.2～0.4mm，如图 5-16 所示。

（4）如间隙不正确，用十字旋具松开铁芯总成的两个固定螺钉 A、B，并以 A 为支点，稍微移动螺钉 B，加以调整，直至达到所规定的标准值为止。

（5）拧紧固定螺钉并重新检验间隙。有些不能调整间隙的分电器，如果测得的间隙不在标准值（0.2～0.4mm）范围内，应更换分电器壳体总成。

2. 磁脉冲信号发生器传感线圈的检测

（1）测量传感线圈直流电阻。将点火控制器从信号发生器线束连接器上拆下（如果是整体式控制组件，在测试前应把它从分电器上拆下来，也可用备用的磁脉冲分电器），并用万用表 R×10Ω 挡测量传感线圈的电阻值，如图 5-17 所示。一般国产车正常值为500～800Ω，进口车为 130～180Ω。各厂的分电器传感线圈的标准电阻值不同。如无标准

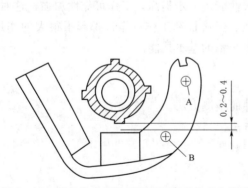

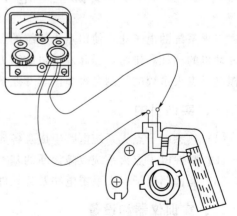

图 5-16　信号发生器转子铁芯间隙的检查与调整　　图 5-17　信号发生器传感线圈的测量

数据，也可利用性能良好的同类型分电器传感线圈进行对比测试检查。当测试其电阻小于标准值时，表明线圈有匝间短路。

（2）测量传感线圈绝缘电阻。用万用表 R×10kΩ 挡，一支笔接线圈，另一支笔接搭铁，测量传感线圈绝缘电阻，其值应为∞，如图 5-18 所示。如果测试时表针有摆动，即电阻小于∞时，说明线圈绝缘被破坏，应更换新的传感器。

（3）测量传感线圈信号电压。信号发生器在工作时能产生交流电压信号，在检查时，可用万用表 10V 交流电压挡，将两支笔分别接在分电器传感线圈两接线杜上，用手快速转动分电器轴，观察信号电压值是否符合规定值（一般为 1~1.5V），如图 5-19 所示。若万用表读数过低，甚至无读数指示，说明信号发生器有故障，应检查或者更换。

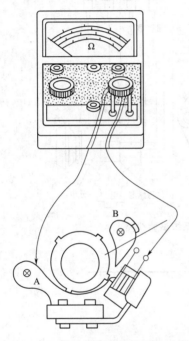
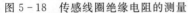
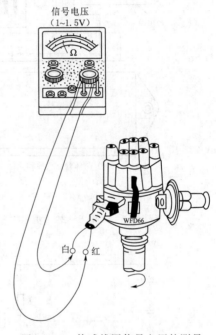

图 5-18　传感线圈绝缘电阻的测量　　　图 5-19　传感线圈信号电压的测量

（二）霍尔信号发生器的检查

图 5-20 为霍尔电子点火系统点火装置实际接线图，利用试验板接好试验线路。

1. 霍尔传感器的检查

在检查前首先保证信号发生器的叶轮与霍尔传感器的气隙符合要求，再通过对霍尔传感器集成电路的电阻测量来进行监测与判定，如图 5-21 所示。具体步骤如下。

（1）测出放大器端子 15 和点 BH 之间的电阻值。

（2）按该阻值的大小选择一个相应大小的电阻 R，串联接在蓄电池正极（12V）与分电器端子"＋"之间，为信号发生器霍尔传感器集成电路提供一定值的电源电压。

（3）将万用表置 R×1Ω 挡，黑笔接分电器端子"7"，红笔接分电器端子"－"端。

（4）用手转动分电器轴，观察万用表的指示值，电阻值若随分电器转动在零与无穷大之间交替变化，说明霍尔信号发生器良好；若电阻值始终在零或无穷大处不动，则说明信号发生器有故障。

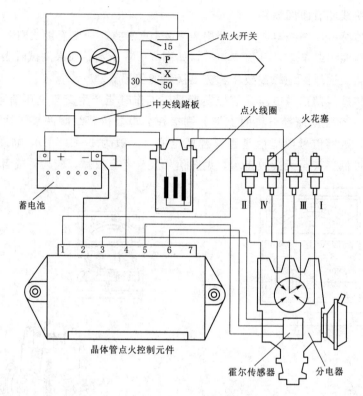

图 5-20　霍尔电子点火系统试验线路

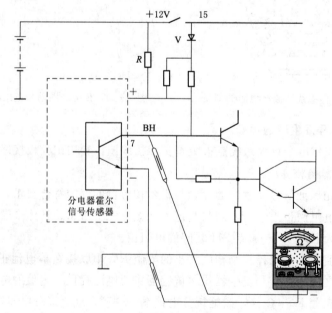

图 5-21　霍尔信号传感器的检查

2. 点火控制器的检查

(1) 电源电压及搭铁的检查。拔掉点火器上的插头，把电压表接在插头上的第4、第2插片之间（4是电源线触点"＋"，连黑线；2是搭铁线触点"－"，接棕线），测得电压应与蓄电池端电压相接近。

(2) 初步检查。关闭点火开关，重新插上插头。拔掉分电器上霍尔信号发生器插头，将电压表接在点火线圈"＋"和"－"接线柱上。打开点火开关，此时额定电压最小应不低于2V，并在2s后必须下降到0V（即瞬显），否则应更换点火控制器。

(3) 模拟检查。快速将分电器插座的中间导线拔出并间断搭铁，电压值必须在瞬间不低于2V，中央高压线应同时跳火，否则说明有断路故障，应予排除，必要时更换点火控制器。

(4) 输出电压。关闭点火开关，将电压表接到霍尔信号发生器插头的外接点上，打开点火开关，测得的电压不应小于5V。如小于5V，表明霍尔信号发生器插头与控制器之间有断路，应予以排除。如果是由于干扰造成电压大于5V的假象时，也应更换点火控制器。

(5) 虽然达到规定值，但仍有干扰，也应更换控制器，找出霍尔发生器插头与控制器之间的导线断路并排除。

（三）火花塞技术状况的检查

电子点火系统火花塞的间隙为0.8～0.9mm，微机控制电子点火系统火花塞的间隙为1.0～1.1mm。

1. 拆下火花塞后的检查

工作正常的火花塞其绝缘体裙部呈赤褐色，电极无烧损，且电极间隙正常。若火花塞绝缘体顶端起疤、破裂或电极熔化、烧蚀，都表明火花塞已经烧坏，应更换新件。

2. 未拆下火花塞的检查

就车检查火花塞技术状况的方法有短路法、感温法和吊火法。

短路法检查火花的技术状况时，应使发动机低速运转，用螺丝刀在被测火花塞的高压线与缸体间短路，使该缸火花塞断电不工作。此时若发动机转速明显降低并抖动，说明该火花塞工作良好，否则为工作不良。

用感温法检查火花塞的技术状况时，应在发动机工作达到正常温度后，用手逐缸触摸火花塞瓷体，若某缸火花塞温度比其他缸的温度低，则温度低的火花塞工作不良。

用吊火法检查火花塞的技术状况时，可将高压线从火花塞上拆下，使其端头与火花塞接柱保持5mm间隔吊火，若发动机工作状况改善，说明该火花塞有故障。

五、实训注意事项

(1) 拆卸点火系统的导线时，应先关掉点火开关。

(2) 当利用启动机带动发动机旋转，而又不想使发动机启动时，应拔下分电器中央高压线，并将其搭铁。

(3) 如果怀疑点火系统有故障，而又必须拖动汽车时，应先拆下点火器插接件。

(4) 为防止无线电干扰，应使用1kΩ电阻的高压导线、1～5kΩ电阻的火花塞插头和

1kΩ 电阻的分火头。

（5）使用带快速充电设备的启动辅助装置启动时，电压不得超过 16.5V，使用时间不得超过 1min。

（6）在车上电焊作业时，应先拆去蓄电池搭铁线。

（7）清洗发动机时，必须关断点火开关。

六、实训报告要求

（1）记录检测过程中出现的问题及现象，总结其经验和重点。

（2）记录检测数据，并对数据结果进行比对分析。

实训三　点火正时的检测与调整

发动机汽油燃烧得充分与否，是能量输出效率多寡的重要条件，且必须有足够的点火能量和准确的点火时间去配合，适时地调整好点火正时是前提之一。

一、实训目的

（1）掌握使用点火正时灯（仪）检查发动机的点火正时。

（2）掌握发动机正时调整的方法。

二、实训仪器和设备

工作性能良好的发动机实验台架或桑塔纳汽车，点火正时灯或点火正时仪，转速表，真空表，一字、十字旋具和开口扳手等。

三、实训前的准备

（1）准备好相关仪器和设备。

（2）汽车进入工位前将工位清理干净，准备好相关的工具和器材。

（3）拉紧驻车制动器，并将变速器置于 N 或 P 挡。

（4）打开并可靠支撑机舱盖。

（5）粘贴翼子板和前脸护裙。

（6）安装转向盘套、换挡手柄套和座套，铺设地板垫等。

（7）准备工具盒，以备放置工具等。

四、实训内容及步骤

（一）点火正时检查

1. 一般检查

启动发动机，使冷却液温度上升到 80℃，急加速，如转速不能随之立即增高，感到发闷，或在排气管中有"突突"声，则说明点火过迟；如出现类似金属敲击声，说明点火过早。

2. 使用点火正时灯检查

（1）查找飞轮或曲轴前端带盘上1缸压缩终了上止点标记和点火提前角标记，擦拭使其清晰可见，如标记不清，最好用粉笔或油漆将标记描白。常见正时记号如图5-22所示。

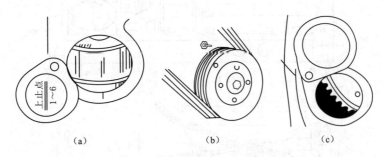

图 5-22　发动机正时记号

（a）上止点/1~6与飞轮壳上刻线对准；（b）曲轴带轮一个孔与正时齿轮室盖上的指针对准；
（c）飞轮上的钢球与检视孔上的刻线对准，同时曲轴带轮上缺口对准正时齿轮室盖的凸起标记

（2）将点火正时灯正确连接到汽车发动机上，将传感器插接在1缸火花塞与高压线之间。必要时，接上转速表和真空表。

（3）启动发动机至正常工作温度状态，保持在怠速下稳定运转。打开正时灯并对准正时标记，调整正时灯电位器，使正时标记清晰可见，就如同固定不动一样。此时表头读数即为发动机怠速运转时的点火提前角。用同样的方法可分别测出不同工作状况、不同转速时的点火提前角，并记录。

（4）在拆下真空管接头并堵住（点火提前机构不起作用）的情况下，怠速时测出的点火提前角为初始提前角（基本点或正时）。实际上，在怠速时由于离心式和真空式调节器未起作用或作用很小，第（3）步怠速时测得的提前角基本就等于初始提前角。在拆下真空管的情况下，发动机在同样转速下测得的提前角减去初始提前角，即可得到该转速下的离心提前角；反之，在连接真空管的情况下，发动机在同样转速下测得的提前角减去离心提前角和初始提前角，可以得到真空提前角。用同样的方法分别测出不同工况、转速、负荷时的离心提前角和真空提前角，并记录。

（5）测出的点火提前角应与规定标准值进行比较，不符合要求时应调整点火正时。有条件时最好进行路试检查：发动机走热后，在平坦、坚硬路面上以最高挡最低稳定车速行驶，急加速时，若听到轻微的突爆声且瞬间消失（装有爆震限制器的发动机没有突爆声），车速迅速提高，则为点火正时正确；若突爆声强烈且长时间不消失，则为点火过早；若听不到突爆声，且加速缓慢，排气管有"突突"声，则为点火过迟。

3. 使用点火正时仪 V.A.G1367 检查

（1）查找并验证飞轮或曲轴前端皮带盘上一缸压缩终了上止点标记和点火提前角标记，擦拭使之清晰可见，如标记不清晰，最好用粉笔或油漆将标记描白。

（2）将点火正时仪按图5-23所示正确连接到汽车发动机上，拔下真空调节装置的真空软管，启动发动机，使机油温度升至60℃以上。

（3）将阻风门保持全开，观察仪器显示的发动机转速，使其保持怠速，此时仪器显示的点火提前角即为初始点火提前角，应为 $6°±1°$，若不符合要求，应进行调整。

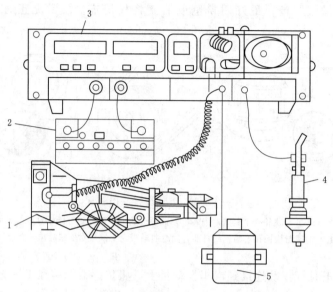

图 5-23　用点火正时仪 V.A.G1367 检查点火正时
1—变速箱总成；2—蓄电池；3—点火正时仪 V.A.G1367；4—火花塞；5—点火线圈

（二）点火正时调整

调整点火提前角的基本方法是转动分电器壳体，点火过早时应顺着分电器轴旋转方向转动分电器壳体；点火过迟时则反向转动分电器壳体。点火正时的调整分静态正时调整和动态正时调整。

1. 静态正时调整

（1）查间隙（电子点火式的可略过）。用塞尺检查断电器触点间隙，正常应为 0.35～0.45mm。调整时，用旋具松开锁紧螺钉，转动调整螺钉使其符合要求。

（2）找记号。转动曲轴，将 1 缸活塞转到压缩冲程上止点附近。向火花塞孔塞棉布，用手摇转发动机，当棉布被汽缸内的压缩空气顶出时，为 1 缸压缩上止点。

（3）调零。有辛烷值调节器的应将其调整在零位。

（4）对分火头。检查分火头是否正对着分电器盖上的 1 缸高压线插孔，否则予以调整。松开分电器固定螺栓并适当转动，使分火头对准 1 缸分缸线插孔位置，对准后固定好螺栓。

（5）查跳火。检查分电器是否正处于恰好高压跳火位置（一次电流恰好切断位置），否则转动分电器外壳进行调整，然后固定分电器。

（6）对分缸线次序。按点火次序，顺分火头转动方向，插上各缸分缸线。三缸机是 1→2→3，四缸机是 1→3→4→2（桑塔纳、奥迪、切诺基等）或 1→2→4→3（BJ2021），六缸机一般是 1→5→3→6→2→4。

2. 动态正时调整

启动发动机，急加速时发动机应加速良好。如果加速时有突爆声，则为点火过早；如果加速不良且发闷，排气管有"突突"声，则为点火过迟。调整时，先松开分电器夹板同定螺钉，若点火过早，则应沿分火头的旋转方向转动分电器壳体；若点火过迟，则逆分火头的旋转方向转动分电器壳体。调整完毕，重新固定分电器的夹板固定螺钉。调整完毕，再次检查点火提前角是否符合要求。

五、实训注意事项

（1）使用点火正时灯或点火正时仪时，应按规定方式连接仪器，按规程操作。
（2）检查分缸线顺序时，应按点火次序沿分火头转动方向检查。

六、实训报告要求

（1）记录检测过程中出现的问题及现象，总结其经验和重点。
（2）记录检测数据，并对数据结果进行比对分析。

七、附录

表 5-2 和表 5-3 分别为上海桑塔纳 JV 轿车点火提前角技术参数和点火系统主要技术参数。

表 5-2　　　　　　　　上海桑塔纳 JV 轿车点火提前角技术参数

怠速/(r/min)		800 ± 50		
初始点火提前角		上止点前 $6°±1°$		
闭合角（真空管拔下）		规定值	$19±3$（800r/min）	
		导通率	$22\%±3\%$	
		使用极限	$62±3$（3500r/min）	
		导通率	$69\%±3\%$	
离心提前（真空管拔下）	转速/(r/min)	$900 \sim 1100$	2300	4800
	提前角度/(°)	0	$14 \sim 18$	$22 \sim 26$
真空提前（分电器已装）	真空度/kPa	$6\sim12$	20	
	提前角度/(°)	0	$5\sim7$	

表 5-3　　　　　　　　桑塔纳 JV 轿车点火系统主要技术参数

发动机型号		JV	
分电器配件号		027905205J	
点火次序		$1\rightarrow3\rightarrow4\rightarrow2$	
点火正时		上止点前 $6°±1°$	
怠速		（800±50）r/min	
真空符		拔下	
闭合角		调整值	$47°±3°$
		磨损极限	$42°\sim58°$
离心调节装置		开始转速及角度	$16000r/min，4°\sim8°$
		终止转速及角度	$45000r/min，21°\sim31°$

续表

发动机型号		JV
真空调节装置	开始	16～20kPa
	终止	30.7kPa, 14°～16°
点火线圈	初级绕组电阻	1.7～2.1Ω
	次级绕组电阻	7～12kΩ
分火头电阻		(5±1)kΩ
火花塞插头电阻值		无屏蔽：(1±0.4)kΩ
		有屏蔽：(5±1)kΩ
防干扰接头电阻		额定值：(1±0.4)kΩ
火花塞	型号 CHAMPION	N8YC
	BOSCH	W7DC
	国产	T4196J（株洲）；F7T4（南瓷）
	火花塞间隙	0.7～0.8mm
	火花塞拧紧力矩	20N·m
高压线整体电阻	中央高压线	额定值：0～2.8kΩ
	分高压线	额定值：0.6～7.4kΩ

实训四　微机控制点火系统常见故障诊断与排除

随着汽车工业的不断发展，汽车电子化程度不断提高，汽车的点火系统已由传统的蓄电池点火系统发展到微机控制的电子点火系统。掌握微机控制点火系常见故障检测诊断是每个汽车专业学生必备的基本技能。

一、实训目的

（1）初步掌握电控系统故障与排除的工艺及方法。
（2）会使用测量仪器对传感器和执行元件进行检查判断。
（3）会使用解码器对电控系统进行故障诊断。
（4）分析 EFI 系统故障诊断方法步骤的正确性。

二、实训仪器和设备

桑塔纳时代超人台架发动机、丰田台架发动机、富康发动机、大众 1551 解码器、K81 解码器、MX431 解码器、发动机综合测试仪、数字式万用表、常用拆装工具。

三、实训前的准备

（1）准备好相关仪器和设备。
（2）汽车进入工位前将工位清理干净。

（3）拉紧驻车制动器，并将变速器置于 N 或 P 挡。

（4）打开并可靠支撑机舱盖。

（5）粘贴翼子板和前脸护裙。

（6）安装转向盘套、换挡手柄套和座套，铺设地板垫等。

四、实训内容及步骤

微机控制点火系统的故障原因除了点火控制器、点火线圈、配电器、高压线、火花塞发生故障外，还包括各种传感器及其线路连接异常或计算机控制单元异常。

检测微机控制点火系统故障时应注意，多数采用计算机控制点火系统的发动机都设有故障自诊断系统，即发动机具有自诊断功能。当发动机不能启动或工作异常，怀疑是点火系统故障时，应首先利用发动机的自诊断功能进行诊断和检查，再配合人工诊断，最后通过人工检查明确故障部位和原因。

（一）利用汽车专用解码仪进行诊断

所谓发动机的自诊断功能，是指发动机利用内部的专门电路和程序自诊断系统，在发动机工作过程中时刻监视各个电子控制系统的传感器、执行器的工作状态，一旦发现某些信号失常，自诊断系统会点亮仪表板上的"CHECK"或"CHECKENGINE"指示灯（又称为发动机故障指示灯或检查发动机报警灯），通知驾驶员出现故障；同时发动机ECU 将故障信息以代码的形式存储起来，维修时技术人员可以通过发动机故障指示灯或专用仪器调取。

用车上故障灯读取故障码比较麻烦，应急时使用较多。而用汽车解码仪读取故障码和数据流则十分方便，为人们所常用（专用解码仪的使用较简单）。维修人员读出故障代码后，查出故障的含义、类别以及故障范围，再进行人工检查，明确故障的具体原因和部位，将故障排除。一般情况下，故障代码只代表了故障类型及大致的范围，不能具体指明故障的全部原因和部位，因此，必须以此为依据进行具体、全面的人工分析和检查，确诊故障，予以排除。

（二）人工诊断

当怀疑计算机控制点火系统有故障或自诊断系统显示点火系统故障，需要人工诊断时，对于有分电器计算机控制点火系统一般从中央高压线的跳火试验开始。从分电器盖上取下中央高压线，使其端部距离气缸体 6～10mm，转动曲轴，根据中央高压线和气缸体之间的跳火是否正常，按照图 5-24 所示步骤进行检查和维修，图中 IC$_f$ 是点火控制器给ECU 的点火反馈信号。

对于无分电器点火系统，由于高压配电方式和有分电器计算机控制点火系统不同，个别气缸工作不良（或不工作）故障的原因和诊断方法也存在一些差异。如果只是为了判断个别气缸工作是否正常，可以人为停止该缸喷油，根据该缸停止喷油前后发动机的转速变化进行判断。要具体确定个别气缸不工作的故障原因，还需要用高压线对缸体试火的方法仔细检查。如果是火花塞缺火导致的个别气缸工作不良，主要原因除了火花塞、高压线的故障外，还可能是相应的点火信号控制电路连接不良或点火线圈、点火控制器、计算机控制单元的相应部分等发生故障。可以从分缸高压线的跳火情况开始，参照图 5-24 进行检查。

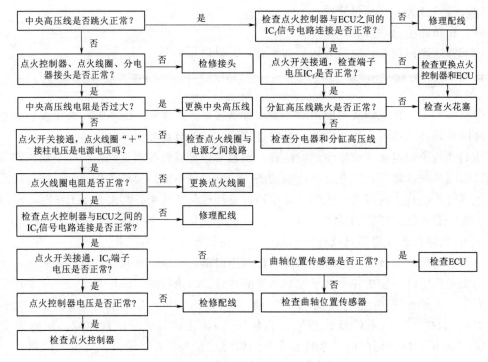

图 5 - 24　微机控制点火系统故障诊断和检查

（三）电喷发动机不能启动的故障诊断

诊断电喷发动机不能启动的故障时，不要将注意力过多地放在发动机的电控系统方面。在大部分情况下，发动机不能启动故障的原因是点火系统、燃油系统及发动机机械方面的原因。因此，传统的诊断化油器式发动机启动异常故障的一些方法，是完全可以在电喷发动机上得到应用的。

当电喷发动机不能启动时，可先采用正确的启动方法重新启动一次。

通常电喷发动机的启动控制系统要求在启动时不踩加速踏板。如果在启动时将加速踏板完全踩下或反复踩加速踏板以求增加供油量，往往会使控制系统的溢油功能起作用，从而导致喷油器不喷油，造成不能启动。

如果发动机仍不能启动，一般先检查油箱存油情况。打开点火开关，若汽油表指针或油量警告灯亮，则说明油箱内无油，应加满油后再启动。

1. 检查故障代码

若发动机仍不能启动，则应利用发动机的自诊断系统检查是否有故障码的存在，也可用电脑检测仪器检查是否有故障码的存在。

若有故障代码显示，则可按故障代码的内容查找故障部位。

2. 检查点火系的工作状况

若无故障码显示，则应检查点火系统的工作状况。

从火花塞端拔下高压分线，接上一工作良好的火花塞，并将火花塞接地；接通点火开关，用启动机带动发动机转动，同时观察火花塞电极处有无强烈的蓝色高压火花。

对于微机控制的电子点火系统，为防止在检查点火的过程中有太多的燃油从喷油器喷入发动机，启动发动机的运转时间应控制在 $1\sim2s$ 为宜。也可以在检查前将各缸喷油器的线束插头拔下，使之不能喷油。

若无高压火花或火花很弱，说明点火系统有故障。应分别检查点火系统中的高压线、分电器盖、高压线圈、点火器、分电器、曲轴位置传感器及点火控制系统。

拔下某缸喷油器的插头，用一个大阻抗的试灯接在喷油器的线束插头上。如果在启动发动机时试灯闪亮，说明喷油器的控制系统正常；否则说明喷油器的控制系统有故障，应进一步检查。

首先检喷油器的电源电路是否正常。检查方法是：打开点火开关，测量喷油器线束插头的插孔，应至少有一个插孔的电压为 12V。否则说明喷油器的电源电路断路，应进一步检查电源熔断丝有无烧断，以及发动机电控系统的主继电器有无故障。

如果喷油器在电源电路正常的情况下不喷油，则应检查喷油器至发动机 ECU 间的连接线路是否断路。检查时应先关闭点火开关，拔下各个喷油器的线束插头，对照该车型维修资料上的 ECU 线束插头各端子布置图，用数字万用表测量各个喷油器至 ECU 的线路有无断路。如果没有维修资料，也可以依次测量 ECU 线束插头中的各个端子，其中应至少有一个端子是和喷油器线束插头中和 ECU 的端子相通，否则说明喷油器至 ECU 线路有断路，应予以修复。

如果喷油器的电源电路和喷油器至 ECU 的线路均正常，但喷油器仍不喷油，则说明发动机的控制电脑有故障，其喷油控制功能失常，应更换 ECU。

如果试灯闪亮，则应检查喷油的电阻是否正常。

五、实训注意事项

（1）诊断仪器（解码器）与 ECU 诊断接口连接时，应先关闭点火开关；分离诊断接头时，应先关闭点火开关。

（2）使用诊断设备或发动机在运行时，不能断开任何连线。

（3）排除故障时，确认每个步骤的操作都对 ECU 没有危害。

（4）操作时注意短路、搭铁或人为故障。

（5）不能使用指针式万用表检测喷油器与 ECU 相连的线路。

（6）蓄电池电源接线不能接错。

（7）ECU 与传感器要防潮，不能用水冲洗。

（8）点火开关打开时不能断开任何电气设备。

（9）拆导线时要注意连接器的锁扣。

（10）没有信心不能随便拆修电脑，拆修时注意搭铁。

（11）检修电动燃油泵时应将电源线拆开。

（12）发动机刚熄火修理油路时要小心燃油喷出。

（13）不能随便断蓄电池电源。

（14）不能使用试火和跨线法、试灯法测任何与电脑相连的设备。

（15）诊断排除故障时应关掉电源。

（16）使用电弧焊应断掉 ECU 电源与连线。

（17）实训前认真预习必备知识，注意按操作程序工作。

六、实训报告要求

（1）记录检测过程中出现的问题及现象，总结其经验和重点。

（2）记录检测数据，并对数据结果进行比对分析。

汽车照明和信号系统的检测

导入案例

一辆行驶里程达 26.8 万 km 的大众捷达轿车，接通转向信号灯开关时，转向信号灯全不亮。仪表板上的指示灯亮，但不闪烁。可能的故障原因有：保险丝熔断；闪光器损坏；转向灯开关损坏或者转向灯电路有故障。

首先检查继电器盘中保险丝是否熔断，经检查，保险丝完好。接着，拔下继电器盘上的闪光器，用一根导线短接闪光器的两接线柱，接通转向开关，当向上扳动转向开关时，右侧转向灯全亮，说明闪光器损坏，应更换。

当向下扳动转向开关时，左侧转向灯不亮，且用导线搭接闪光器两触点时发出强烈火花，这表明左侧转向灯线路中有搭铁故障，以致闪光器烧坏。应先排除搭铁故障，然后再更换新的闪光器。

用一试灯串接于闪光器的两接线柱上，向下扳动转向开关，采用断路法查找搭铁部位。经查，左前转向灯接线夹处搭铁。将搭铁处处理好后，换上新的闪光器，打开转向灯开关，转向灯点亮，故障彻底排除。

有时某一侧转向灯线路搭铁，闪光器烧坏，看上去像是断路故障，而实际上是搭铁故障引起的。因此，维修人员不要急于更换闪光器，应先排除搭铁故障后再更换。

该案例启示我们，在汽车检修过程中，要学会透过现象看到本质，培养严谨认真、细致耐心的工作作风。遇到具体的故障问题时，维修人员不要因故障现象而急于判定故障的位置，要理清思路和逻辑，一丝不苟地针对可能原因进行全面排查，这样才能更利于找出故障位置。

实训一　汽车照明装置的检测与调整

照明系统主要由蓄电池、熔断丝、灯控开关、灯光继电器、变光器、灯及其线路组成。汽车的照明灯一般由前照灯、雾灯、小灯、后灯、内部照明灯等组成。不同的车型所配置的照明设备不完全相同，其控制线路也各不相同。

一、实训目的

（1）了解汽车照明系统的组成及工作原理。

（2）掌握汽车照明系统故障的诊断与维修。

（3）掌握汽车前照灯光束的调整方法。

二、实训设备和仪器

前照灯检测仪一台、丰田卡罗拉轿车一辆、调整屏幕一套、常用工具一套、长卷尺一套、厚实的抹布一条。

三、实训前的准备

（1）清理干净工位，汽车进入，拉紧驻车制动器，并将变速器置于 N 或 P 挡，准备好相关的工具和器材，以及相应的维修手册及资料。

（2）安装前照灯检测仪，调整检测仪，使其"对零"。

（3）清洗汽车前照灯上的污迹，检测气压是否符合要求，检测蓄电池电压是否处于充足状态。

（4）准备工具车，以便放置常用工具。

四、实训内容及步骤

（一）汽车前照灯的检测

前照灯的检测方法有前照灯检测仪法和屏幕检测法。使用前照灯检测仪检测，既可以检测前照灯的发光强度，又可以检测前照灯的光轴偏斜量。在没有前照灯检测仪时，可以采用屏幕检测法对前照灯的光轴偏斜量进行大概地调整。使用前照灯检测仪检测，因其型号不同，检测发光强度和光轴偏斜量的方法也不完全相同，本书仅仅列出通用的使用方法和步骤。

1. 检测前的准备

（1）检测仪准备。

1）在前照灯检测仪不受光的情况下，检查光度计和光轴偏斜量指示计是否对准机械零点。若指针失准，可以用零点调整螺钉调整。

2）检查聚光透镜和反射镜的镜面上有无污物。若有污物，可用柔软的布或镜头纸等擦拭干净。

3）检查水准器的技术状况。若水准器无气泡，应进行修理；若气泡不在红线框内，可用水准器调节器或垫片进行调整。

4）检查导轨是否沾有泥土等杂物，若有应扫除干净。

（2）车辆准备。

1）清除前照灯上的污垢。

2）轮胎气压应符合标准规定。

3）汽车蓄电池应处于充足电状态。

2. 前照灯的检测

（1）将被检汽车尽可能地与前照灯检测仪的轨道保持垂直方向驶近检测仪，前照灯与检测仪受光器之间达到规定的检测距离（3m、1m、0.5m 或 0.3m）。

（2）用车辆摆正找准器使检测仪与被检汽车对正。

（3）开亮前照灯，用前照灯找准器使检测仪与校检前照灯对正。

（4）检测光束照射位置（光轴偏斜量）和发光强度。

1）对于聚光式前照灯检测仪，将"光度·光轴"转换开关旋至光轴一侧，转动上下和左右光轴刻度盘，使上下偏斜指示计和左右偏斜指示计的指示为零。此时，上下光轴刻度盘和左右光轴刻度盘的指示值即为光轴偏斜量，如图 6-1 所示。将"光度·光轴"转换开关旋至光度一侧，光度计的指示值即为发光强度。

2）对于屏幕式前照灯检测仪，要使固定屏幕上左右光轴刻度尺的零点与活动屏幕上的基准指针对正。左右和上下移动受光器，使光度计的指示值达到最大。此时，根据受光器上的基准指针所指活动屏幕上的上下刻度值和活动屏幕上的基准指针所指固定屏幕上的左右刻度值，即可得出光轴偏斜量。根据此时光度计上的指示值，即可得出发光强度。

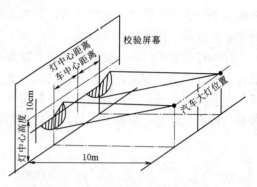

图 6-1　聚光式检测仪检测原理

3）对于投影式前照灯检测仪，要使光轴偏斜指示计的指示值为零，根据投影屏上前照灯影像中心所示的刻度值，即可读出光轴的偏斜量。如果这种检测仪设有光轴刻度盘，则要转动光轴刻度盘，使投影屏上的坐标原点与前照灯影像中心重合，读取此时光轴刻度盘上的指示值，即为光轴偏斜量。根据此时光度计上的指示值，即可得出发光强度。

4）对于自动追踪光轴式前照灯检测仪，只要按下控制盒上的测量开关，受光器立即追踪前照灯光轴，根据光轴偏斜指示计和光度计上的指示值，即可获得光轴偏斜量和发光强度。

5）用同样的方法分别检测两只前照灯的近光、远光光束照射位置和发光强度。

6）检测结束，前照灯检测仪沿轨道退回护栏内，汽车驶出。

（二）汽车前照灯的调整

前照灯的调整方法一般有屏幕调整法和聚光式前照灯检测仪调整法两种，本书主要介绍屏幕调整法的主要步骤。

1. 检测前的准备

（1）清除前照灯玻璃上的污物。

（2）检查蓄电池电压，确保蓄电池电压充足。

（3）检查汽车轮胎胎压，确保其符合要求。

（4）卸下汽车上的所有负载。

2. 前照灯的调整

（1）将汽车停在水平地面上，距前照灯 10m 处竖一个屏幕。

（2）将汽车正对屏幕，正直缓慢开过去，并在车头最大限度贴近屏幕的位置停住。在屏幕上对应车头中心线的位置（即中网的头标中心点），画一条垂直线。然后，直线倒车，在车头灯距离屏幕约 7.6m 处停住。

（3）测量车灯外罩的几何中心点到地面的高度；测量近光灯透镜的中心点到车头中心

线的距离，以及远光灯中心点到车头中心线的距离。

（4）在屏幕上，用红色粉笔画出两条水平线，一条为车灯外罩的几何中心点到地面的高度，另一条则比上面的高度低约 5cm。然后，依据步骤（3）中的测量值，根据近光灯和远光灯到车头中心线的距离，从屏幕上车头中心线的位置量起，分别以短竖线，在较低的那根水平线上标出近光灯位置，在较高的水平线上标出远光灯位置。这样，屏幕上就会形成 4 个十字，下面两个对应近光灯分割线的中心转折点位置，上面两个对应远光灯的光斑中心点位置，如图 6-2 所示。

（5）打开近光灯，这时会在墙面上投影出明暗分割线，按下面的图例，用十字螺丝刀通过近光灯的水平和垂直调节螺钉进行调整，如图 6-3 所示，使近光灯分割线中心转折点位置与墙面上的近光灯标志对齐，如图 6-4 所示。调节时，左右近光灯分别调节，在调整一侧近光灯时，应将另一边的车灯遮挡住。

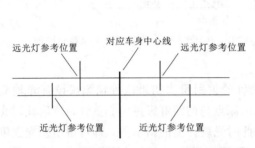

图 6-2 屏幕上所画出的灯光参考位置

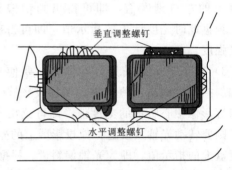

图 6-3 前照灯的调整

（6）打开远光灯，用十字螺丝刀通过远光灯的水平和垂直调节螺钉进行调整。由于远光灯没有切割线，投射在墙面上的是两块光斑，所以调整远光光斑的中心点（即最亮点）对准屏幕上的远光标志，如图 6-5 所示。如果看花了眼，不能分辨出远光光斑的中心，可以戴上墨镜看，这样明暗对比明显。

（7）调整完毕，按规定收捡工具。

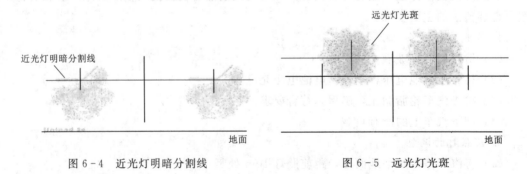

图 6-4 近光灯明暗分割线

图 6-5 远光灯光斑

五、实训注意事项

（1）安装车灯时，应根据标志及使用维修说明书要求，不得倾斜侧置。

（2）要按车型，配套使用灯泡等光学组件。

（3）车灯应注意装配固定，以保证其密封性能，防止水分及灰尘进入车灯。

（4）注意灯的搭铁极性，尤其对没有明显标记的灯泡，注意判别远光、近光灯丝及搭铁极性。

（5）保证车灯电路接触良好，并保持清洁。

（6）更换灯泡前，应先切断电源，更换的灯泡要选择与原车型号和功率相同规格的原厂件。

（7）更换灯泡时，手指不能触及镜面，以免留下汗水或油印使反射镜失去光泽，降低反光效率。

（8）保证转向灯的灯泡功率相等，并与闪光器配合一致。

六、实训报告要求

（1）记录检测过程中出现的问题及现象，总结其经验和重点。

（2）记录检测数据，并对数据结果进行比对分析。

（3）统计分析当前照灯不符合要求时，会对驾驶带来什么后果。

实训二　汽车电喇叭的调整与试验

性能良好的电喇叭应当发音清脆、响亮而无沙哑声。使用一段时间后，电喇叭常常会出现声音小或者声音嘶哑的故障，对行车安全构成很大的威胁，适时的对电喇叭进行调整，可以有效地提高行车安全性。

一、实训目的与要求

（1）熟悉电喇叭的构造及工作原理。

（2）掌握电喇叭音调和音量的调节方法。

（3）掌握电喇叭的试验方法。

（4）了解电喇叭常见故障的诊断。

二、实训设备和仪器

盆形电喇叭一台、蓄电池一只、导线开关若干、变压器一台、常用工具一套，数字电压表一套、丰田卡罗拉教学用车一辆。

三、实训前的准备

（1）清理干净工位，汽车进入，拉紧驻车制动器，并将变速器置于 N 或 P 挡，准备好相关的工具和器材，以及相应的维修手册及资料。

（2）打开汽车引擎盖，清除发动机及喇叭上的灰尘，以便进行下一步操作。

（3）准备工作车、零件盒等，以备放置工具及零件。

四、实训内容及步骤

(一) 电喇叭的调整

电喇叭主要靠触点的闭合和断开控制电磁线圈激励膜片振动而产生响声，引起行人和其他车辆的注意，保证行车安全。

1. 调整前的准备

(1) 将汽车停放在开阔的地面上，拉起驻车制动，打开引擎盖。

(2) 保持电喇叭的连线正常，卸下电喇叭连接螺栓，取出电喇叭。

(3) 将电喇叭上的灰尘擦拭干净。

2. 电喇叭的调整

(1) 如图 6-6 所示，通过旋转音调调整螺栓（逆时针方向转动时，音调升高）对电喇叭音调进行调整。可以按住汽车喇叭不放，调节音调调整螺栓，直至调整到合适的音调为止。

(2) 如图 6-7 所示，通过旋转音量调整螺栓（逆时针方向转动时，音量升高）对电喇叭音量进行调整。可以按住汽车喇叭不放，调节音量调整螺栓，直至调整到合适的音量为止。

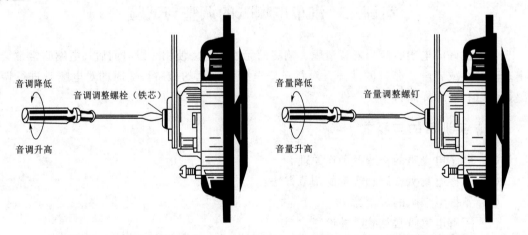

图 6-6　电喇叭音调的调整　　　　　图 6-7　电喇叭音量的调整

(二) 电喇叭的试验

电喇叭继电器检查的主要内容有闭合电压和释放电压，不同的电喇叭继电器的性能参数有一定的差异。表 6-1 列出了常见的喇叭继电器的规格、型号和各种参数值。

表 6-1　　　　　　　　　　　喇叭继电器型号、规格和性能参数

型号	额定电压/V	额定电流/A	闭合电压/V	释放电压/V	线圈主要参数		
					直径/mm	匝数	电阻/Ω
JL2A	12	17	≤8	≥3	0.17	1000	26
JL2B	24	11	≤16	≥6	0.13	2000	105
JD112	12	17	≤7.6	≥3	0.17	1000	26

（1）按图6-8所示电路连接各个元件。

（2）调节变压器，稳压电源4输出电压逐渐增加，并观察继电器触点，测量触点闭合瞬间电压表3指示的电压值，即为闭合电压。

（3）然后逐渐减小输出电压值，测量触点断开瞬间的电压表指示电压，即为释放电压。

（4）通过改变弹簧2的张力调整继电器的闭合电压，通过弯曲限位钩1改变触点间隙调整释放电压，使闭合电压和释放电压符合表6-1所示参数。

（三）电喇叭的故障诊断

电喇叭故障通常表现为喇叭无声、单音或时有时无。针对不同的故障，应该采取不同的诊断方法。

1. 诊断前的准备

（1）将电喇叭擦拭干净，接入电路。

（2）准备万用表等检测工具。

2. 电喇叭故障检测

（1）喇叭无音的故障检测。

1）先检查喇叭保险丝，用万用表测量保险丝电阻。若保险丝损坏，更换保险丝后验证故障是否排除；若保险丝正常，进行下一步的检查。

2）检查喇叭继电器，拆下继电器，用万用表检查继电器各脚之间的通断性。若有两对触点导通或无任何一对触点导通，说明继电器损坏，找到导通的一对触点，这就是继电器线圈接头，将线圈接头分别接蓄电池的正负极，应该能听到继电器的响声，保持通电，用万用表测量继电器另一对接脚的导通性，若导通说明继电器正常，若不通更换继电器。确认继电器无故障后，验证喇叭故障是否排除，若没有排除，进入下一步的检查。

3）打开点火开关，一人按住喇叭开关，另一人拆下喇叭插头，用万用表测量插头上接脚的电压，若接头电压与电源电压一样，接着用万用表测量喇叭至蓄电池负极的电阻，电阻很小说明接地良好；若电阻较大或短路，检查喇叭的固定螺栓。若喇叭接地良好，喇叭插头上电压也正常，更换喇叭。若喇叭插头上无电压，继续下一步检查。

4）拆下方向盘上的喇叭开关，断开喇叭开关接头，将喇叭开关插头直接接地，喇叭开始工作，更换或维修喇叭开关；若喇叭开关接地后喇叭仍然无声，将喇叭开关一端连接蓄电池正极，另一端连接喇叭接头。若喇叭无声更换喇叭；若喇叭工作，进一步检查喇叭导线，必要时更换配电中心。

（2）喇叭无音的故障检测。若出现喇叭单音故障，说明两个喇叭中有一个无声，其检测流程如下。

1）分别断开其中一个喇叭接头，验证另一个喇叭是否有声，按照这个方法找出不发声的喇叭。

2）一人按住喇叭开关，另一人测量喇叭插头电压，若没有电压，故障在喇叭线束。

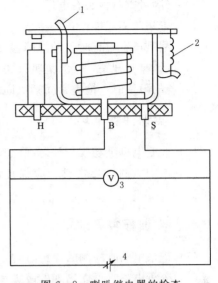

图6-8　喇叭继电器的检查

1—限位钩；2—弹簧；3—电压表；4—稳压电源

3）若测量喇叭插头有电压，用万用表测量喇叭至蓄电池负极的电阻，若电阻过大或短路，检查喇叭固定螺栓；若接地正常，插头电压正常，则更换喇叭。

（3）喇叭声音时有时无的故障检测。

1）拆卸喇叭开关，清洁喇叭开关触电，装好后验证。

2）若故障依旧，检查紧固喇叭固定螺栓。

五、实训注意事项

（1）改变电喇叭动铁与铁芯间隙和触点压力时，应注意电喇叭音调和音量的变化。

（2）电喇叭调整合格时，应保证间隙均匀，螺母锁紧，音响效果应得到指导教师允可。

六、实训报告要求

（1）记录电喇叭检测的详细过程，总结其经验和重点。

（2）分析电喇叭可能出现的故障和原因，总结其诊断方法。

实训三　转向信号闪光继电器的检测

转向信号灯装于汽车前、后、左、右角，用于汽车转弯时发出明暗交替的闪光信号，使前后车辆、行人和交警知其行驶方向。完好的转向信号灯可以大大地降低交通事故发生率。

一、实训目的

（1）了解转向信号与闪光继电器的结构，熟悉各种继电器的工作原理。

（2）掌握闪光继电器的检查、调整和故障排除方法。

二、实训仪器和设备

电容式闪光继电器、晶体管式闪光继电器、导线、开关若干、50～60W 汽车灯泡、常用工具一套、铅蓄电池、丰田卡罗拉教学用车一辆。

三、实训前的准备

（1）清理干净工位，汽车进入，拉紧驻车制动器，并将变速器置于 N 或 P 挡，准备好相关的工具和器材，以及相应的维修手册及资料。

（2）清除闪光继电器上的灰尘，以便进一步操作。

（3）准备工作车、零件盒等，以备放置工具及零件。

四、实训内容及步骤

（一）观察闪光继电器的结构和工作原理

1. 电热式闪光继电器

它主要由电热丝、电磁线圈、触点和附加电阻等组成。对外有 2 个接线柱，即 B（接电源）接柱和 L（接转向开关）接柱。外形如图 6-9 所示。

图 6-9　电热式闪光继电器　　　　　图 6-10　晶体管式闪光继电器

2. 晶体管式闪光继电器

晶体管式闪光继电器的外形如图 6-10 所示。它主要由串联线圈（LC）、并联线圈（LV），触点、电容器和电阻等组成。对外有 3 个接柱，即 B（接电源）、L1（转向开关）和 L2（接危险信号灯开关）接柱。

（二）闪光继电器的检查

1. 闪光继电器频率值的检查

（1）按照如 6-11 所示的电路，将闪光继电器、试灯和蓄电池等原件接入试验电路。

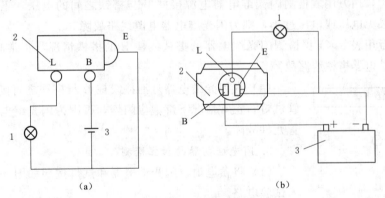

图 6-11　闪光继电器试验电路

(a) 电热式闪光继电器试验电路；(b) 晶体管式闪光继电器试验电路

1—试灯；2—闪光继电器；3—蓄电池

（2）接通试验电路电源开关，启动电子计数秒表，记下 1min 内试灯的闪光次数，即为被测闪光器的频率值。

（3）如果闪光继电器频率值不符合规定（国产闪光继电器的主要参数见表 6-2），则应该进行调整。调整时，打开闪光继电器外壳，用尖嘴钳拨动调节片改变触点间隙进行调整，直至频率符合要求为止。

表 6-2　　　　　　　　　　　国产闪光继电器的主要参数

型号	类型	额定电压/V	用途	闪光频率/(次/min)	额定负载/W
SD56	电热式	12	转向	50～110	43
SD56B	电热式	24	转向	50～110	46
SD56C	电热式	12	转向	50～110	50
SD57	电热式	12	转向	50～110	55
SG123	翼片式	12	转向	50～110	42
SG124	翼片式	12	转向	50～110	42
SG224C	翼片式	24	转向	50～110	47
SG227	翼片式	24	转向	50～110	45
SG112	电容式	12	转向	50～110	42
SG112B	电容式	12	转向	50～110	50
SG212	电容式	24	转向	50～110	47
SG212J	电容式	24	报警	50～110	43
SG151	晶体管式	12	转向报警	50～110	65

2. 闪光继电器的就车检查

（1）在点火开关置于"ON"位时，将转向灯开关打开，观察转向灯的闪烁情况：如果闪光继电器正常，相应转向灯及转向指示灯应随之闪烁；如果转向灯不闪烁（常亮或不亮），则为闪光继电器自身或线路故障。

（2）此时，用万用表检测闪光继电器电源接柱 B 与搭铁之间的电压，正常值为蓄电池电压；如果无电压或电压过小，则为闪光继电器电源线路故障。

（3）用万用表 R×1 挡检测闪光继电器的搭铁线柱 E 的搭铁情况，正常时电阻为零；否则为闪光继电器搭铁线路故障。

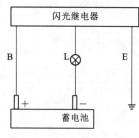

图 6-12　闪光继电器
的独立检测

（4）在闪光继电器灯泡接线柱 L 与搭铁之间接入一个二极管试灯，正常情况下灯泡应闪烁，否则为闪光继电器内部晶体管元件故障。

3. 闪光继电器的独立检测

（1）将蓄电池、闪光继电器和试灯按照如图 6-12 所示接入试验电路。

（2）观察试灯的闪烁情况，如果试灯能够正常闪烁，表明闪光继电器完好，如果试灯不亮，则进一步检查。

（3）如果灯泡不亮，则用万用表检测 B 端到电源正极的电阻，电阻应为 0，否则说明线路短路。同样方法检测 L 端到灯泡正极电阻，电阻为 0，则说明闪光继电器损坏，应更换闪光继电器。

五、实训注意事项

（1）调整电热式闪光继电器时，动作要缓慢，不可用力过猛，以免损坏闪光继电器，并注意及时准确地计算出闪光继电器的频率值，调整闪光继电器的工作，最好在实习教师的指导下进行。

（2）调整闪光继电器时，应严格按其额定电压和额定功率来考虑，其额定功率应按汽车前、中（侧）、后转向灯和仪表板上的转向指示灯功率的总和来计算。电热式和电容式闪光继电器的闪光频率与使用的灯泡功率有关。

（3）调整时，闪光继电器的接线必须正确标有"L"或"信号灯"的接线柱应与转向开关相连接；标有"B"或"电源"的接线柱应与电源相连接；标有"P"或"指示灯"的接线柱应与仪表板的指示灯相连接。对电容式和晶体管式闪光继电器还应注意其正、负极性。

（4）不允许用搭铁试火的方法来检验闪光继电器及有关电路。更换转向灯时，必须切断电源。

（5）在装有危险信号灯装置的闪光继电器电路中，其信号的工作时间不宜过长。实训中遇到疑难问题报告教师，不可擅自处理。

六、实训报告要求

（1）记录检测过程中出现的问题及现象，总结其经验和重点。
（2）记录检测数据，并对数据结果进行比对分析。

实训四　汽车照明和信号系统常见故障诊断与排除

为了保证行车安全，汽车上必须装配相应的照明和信号系统，主要包括前照灯、牌照灯、防雾灯、倒车灯、转向灯、应急灯和示廓灯等。良好的照明和信号系统能够有效地降低发生交通事故的可能性，因此，必须确保照明和信号系统的正常工作。

一、实训目的

（1）了解汽车照明和信号系统的常见故障，掌握诊断排除方法。
（2）掌握照明和信号系统的就车检修方法。

二、实训仪器和设备

导线、开关及试灯若干、汽车万用表一套、常用工具一套、丰田卡罗拉教学用车一辆。

三、实训前的准备

（1）清理干净工位，汽车进入，拉紧驻车制动器，并将变速器置于 N 或 P 挡，准备好相关的工具和器材，以及相应的维修手册及资料。
（2）擦拭汽车的各个灯罩，确保灯具清晰可见。
（3）准备工作车、零件盒等，以备放置工具及零件。

四、实训内容及步骤

(一) 照明装置常见故障与检修

照明装置的常见故障是因灯泡、线路与熔丝或控制开关有断路、短路或接触不良而使灯不亮。

下面介绍前照灯常见故障及故障检修方法。

1. 两侧前照灯均不亮

接通前照灯开关后，两侧前照灯的远光灯和近光灯均不亮。

(1) 可能的故障原因如下：①前照灯灯泡均已烧坏；②灯光开关/变光开关故障；③线路连接（插接器）及搭铁不良。

(2) 故障检修方法如下。

1) 用汽车万用表检查灯光开关电源端电压，应为蓄电池电压。若无电压，应检修灯光开关到蓄电池之间的线路；若电压正常，则进行下一步检修。

2) 接通前照灯开关（远光灯或近光灯），检查灯光开关即远光灯或近光灯输出端电压。若电压无，说明灯光开关故障，拆检或更换灯光开关；若电压正常，则进行下一步检查。

3) 在接通前照灯开关时，检查前照灯线束插头对地电压。若电压均低或无，则应检修灯光开关到前照灯之间的线路；若电压正常，则应检查前照灯灯泡和前照灯的搭铁。

2. 单侧前照灯不亮

接通前照灯开关后，前照灯的一侧远光灯和近光灯均不亮。

(1) 可能的故障原因：①单侧前照灯灯泡/灯丝烧坏；②单侧前照灯线路或搭铁不良。

(2) 故障检修如下：①接通前照灯开关时，检查不亮侧前照灯线束插头两端子对地电压。②若电压均低或无，则需用试灯逐段检修灯光开关到前照灯之间的线路。③若电压正常，则需检查不亮侧前照灯的搭铁和灯泡。

3. 前照灯的远光灯或近光灯不亮

接通前照灯开关后，在变换远近光时，两侧前照灯的远光灯或近光灯不亮。

(1) 可能的故障原因如下：①灯光开关/变光开关接触不良；②前照灯远光灯丝（灯泡）或近光灯丝（灯泡）烧断；③变光开关至前照灯的远光灯线路或近光灯线路接触不良。

(2) 故障检修方法如下：

1) 接通前照灯开关，变换为远光或近光，检查灯光开关远光灯或近光灯输出端电压。若电压无，说明灯光开关/变光开关故障，拆检或更换左组合开关；若电压正常，则进行下一步检查。

2) 接通前照灯远光或近光，测量前照灯插头的远光灯或近光灯输入端子，若电压低或无，检修变光开关至前照灯的线路；若电压正常，则需拆检前照灯。

4. 两侧前照灯亮度不一致

接通前照灯开关后，两侧前照灯的远光灯或近光灯一边亮、一边暗一些。

(1) 可能的故障原因如下：①一侧前照灯灯泡不良或前照灯搭铁不良；②一侧前照灯

线路连接有接触不良之处。

（2）故障检修方法如下：检修前照灯的线路，如果线路无问题，则需拆检前照灯。

（二）信号装置的常见故障与检修

1. 汽车制动灯工作不正常的诊断与排除

汽车制动灯也称刹车灯。安装在车尾两边，其作用是在制动停车或制动减速行驶时，向后车发出灯光信号，以提醒尾随的车辆注意，以防止追尾。灯光为红色，功率为 20W 以上。在汽车制动灯工作不正常的情况下，很容易发生交通事故。

（1）可能的故障原因如下：①熔断器断路；②制动灯开关损坏；③灯泡断路；④连接线路断路或插接件松脱。

（2）故障判断与排除。

1）如果一侧制动灯亮而另一侧制动灯不亮，应先检查不亮侧的制动灯灯泡是否断路、灯座处黑/红导线上的电压是否正常。若均良好，再检查搭铁线是否良好，灯泡与灯座接触是否良好。

2）如果两侧的制动灯均不亮，应先检查熔断器是否断路。若良好，再检查制动灯开关处黑/红导线电压是否正常。若电压正常，则拆下制动灯开关处的两导线并连接在一起，此时若制动灯亮，说明制动灯开关损坏，应予以更换；若制动灯仍不亮，则应检查制动灯灯泡是否断路、连接导线是否断路等。

2. 汽车倒车灯工作不正常的诊断与排除

汽车倒车灯是装在汽车的尾部，其作用是向其他的车辆和行人发出倒车信号、夜间倒车照明。灯光为白色，功率为 20W 以上。

（1）故障原因如下：①熔断器断路；②倒车灯开关损坏；③倒车灯灯泡损坏；④连接导线断路或插接件松脱。

（2）故障判断与排除：①如果两侧倒车灯均不亮，首先检查熔断器是否断路。②若熔断器良好，应挂入倒挡，检查灯座处黑色导线上的电压是否正常。③如果电压正常，应检测倒车灯灯泡是否损坏、搭铁线接触是否良好。如果电压为零，则应检测倒车灯开关处黑色导线电压是否正常。④若正常，将其与黑底色导线连在一起，此时，若倒车灯亮，说明倒车灯开关损坏，应更换；若倒车灯仍不亮，说明连接线路有断路处，应修复。

3. 汽车转向灯工作而报警灯不工作的诊断与排除

（1）故障原因如下：①熔断器断路；②报警灯开关损坏；③连接导线断路或插接件损坏。

（2）故障的判断与排除。首先检查熔断器是否断路，若良好时，应检查报警灯开关是否正常、相关插接件是否松脱、报警灯开关接线柱接触是否良好等，并视具体情况予以更换或修理。

4. 差速锁指示灯常亮故障的诊断与排除

（1）故障现象。差速锁指示灯在使用中时常出现长亮的现象，即在差速锁处于闭锁或解除闭锁时，指示灯总是亮的。

（2）判断与排除方法：

1）旋下差速锁开关的接线头，若指示灯仍然亮，说明线路有搭铁处。常见原因是水进入导线接头内，造成电源线与搭铁线相连。若旋下差速锁开关的接线头后，指示灯熄灭，说明线路良好，需进行下一步检查。

2）旋下指示灯开关，将导线接头与指示灯开关连接后，用手按压开关触钮，若灯仍亮，说明开关内部短路。常见的原因是水进入开关内。待开关干燥后再试验，若仍不能恢复正常工作，则应更换。

3）若按下开关触钮，指示灯熄灭，说明开关良好。应在装复指示灯开关时，调整开关与差速锁活塞之间的位置关系，这个位置关系是以增减指示灯开关与差速锁锁壳之间的垫片来实现的。

4）调整时，先将指示灯开关旋紧，装好导线接头，此时指示灯不亮；将差速锁解除闭锁时指示灯仍不亮；差速锁闭锁时指示灯亮。调整好后，应操作几次差速锁，检查指示灯是否完全恢复正常。最后，选择合适的垫片垫在指示灯开关与差速锁壳之间，并将指示灯开关旋紧。

5. 差速锁指示灯常灭故障的诊断与排除

(1) 故障现象。差速锁指示灯在使用中时常出现长灭的现象，即在差速锁处于闭锁或解除闭锁时，指示灯总是不亮。

(2) 判断与排除方法。

1）旋下差速锁指示灯开关的接线头。先用导线将接头两插孔连接起来，若指示灯不亮，说明线路有断路，应检查指示灯灯丝是否烧断、灯泡与弹片接触是否良好，然后检查导线在接线头处是否折断或松脱，这是线路中常见的两个故障点。若用导线将接头两插孔连接后，指示灯亮，说明线路良好，需进行下一步检查。

2）旋下指示灯开关。将导线接头与指示灯开关连接好，再观察指示灯，若指示灯仍不亮，说明指示灯开关内部断路。常见原因是进入开关的水已将开关内部腐蚀，应更换指示灯开关。

3）若将导线接头与指示灯开关连接好后，指示灯亮，说明指示灯开关良好。应在装复指示灯开关时，调整开关与差速锁活塞之间的位置关系。通过增加指示灯开关与差速锁壳之间的垫片，使差速锁活塞对开关触钮的压缩量减小。这样，当差速锁闭锁时，活塞的移动量便足以放松触钮，使开关内部触点闭合。

五、实训注意事项

(1) 由于灯泡在使用过程中会发热，为了避免烫伤，在检查和更换灯泡的时候一定要等灯泡冷却以后再进行，且应该抓住法兰部分。

(2) 采用试灯方法检查电路的时候，不允许长时间工作，以免烧坏试灯。测试前，应先检查电路，尽量防止电源正、负极直接短路。

六、实训报告要求

(1) 详细记录每个故障的现象及排除方法。

(2) 分析故障产生的原因，并且动手验证，并将验证结构记录在试验报告中。

实训单元七

汽车仪表、报警及显示装置的检测

导入案例

一车主反映：最近一段时间，爱车在行驶的过程中，出现偶发性仪表多个故障灯点亮，同时出现 MDPS（电动转向）转向力变重、室外温度不显示、发动机转速表归零、挡位也不显示等问题。经过反复检查询问，发现导致故障的根源是加装行车记录仪时，作业人员对牌照灯和原车后视摄像头线束的走向布置不清楚，安装时螺丝长度过长，直接从线束中间穿过，车辆经过一段时间的行驶后，线束和螺丝之间的干涉导致线束绝缘层的破损，进而导致短路。

在检测过程中，传统的思路检测会难以准确地寻找故障。所以工作人员除了按常规思路在重点问题上逐步排查、在难点的问题上层层剖析外，还应不放过每一个细节，大胆设想，敢于尝试创新检测思路，及时发现问题，避免带来更大的经济损失，有效地维护产品形象，从而创造更多的经济效益和社会效益。

实训一　汽车仪表及报警装置检测前的准备

汽车仪表能够让驾驶员随时了解汽车各部位的运行状况，保证安全驾驶。现代汽车除了车速里程表、发动机转速表、燃油表和水温表外，多采用各种报警及指示灯来代替仪表，如用机油压力警告灯取代机油压力表、充电指示灯取代电流表，另外还增加了制动警告灯、转向指示灯、挡位指示灯、车门未关警告灯、安全带未系警告灯、ABS警告灯和SRS警告灯等。不同车型的组合仪表不完全相同，在拆卸仪表过程中，应查阅相关车辆的维修资料。

一、实训目的

（1）熟悉仪表台的拆装方法。

（2）通过拆装弄清各仪表线路的连接情况。

二、实训仪器和设备

实训车辆一辆、维修工具、翼子板护裙和驾驶室保护罩等。

三、实训前的准备

（1）汽车进入工位前将工位清理干净，准备好相关的工具和器材。

（2）拉紧驻车制动器，并将变速器置于 N 或 P 挡。

（3）打开并可靠支撑机舱盖。

（4）粘贴翼子板和前脸护裙。

（5）安装转向盘套、换挡手柄套和座套，铺设地板垫等。

（6）准备零件盒以备放置零件。

（7）拆装组合仪表时，应先拆下蓄电池负极电缆，以免手触摸仪表板后面时造成线路短路。

四、实训内容及步骤

（1）拆卸驾驶员侧的安全气囊装置。松开六角螺栓，如图 7-1 所示。

（2）把转向盘放置在中间位置上，使汽车保持直线行驶位置。从转向柱中间拔出转向盘。

（3）把 2 个十字槽头螺钉拧开，如图 7-2 中箭头所示，拆除转向柱开关的上罩盖。

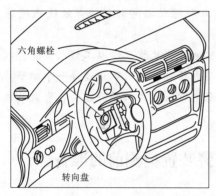

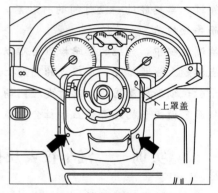

图 7-1 拆主气囊　　　　　　图 7-2 拆转向开关上盖

（4）把 4 个十字槽头螺钉拧开，如图 7-3 中箭头所示，把内六角螺栓拧开，拆开转向盘的高度调整装置，拆除转向柱开关的下罩盖。

（5）拧松内六角螺栓，从转向柱开关中拔出插头，如图 7-4 中箭头所示，拆除转向柱开关。

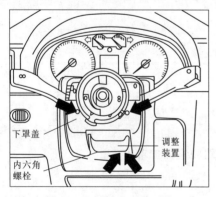

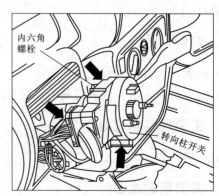

图 7-3 拆转向开关下盖　　　　　　图 7-4 拆除转向柱开关

（6）如图 7-5 所示，拉出罩盖，拧开螺钉 1 和 2，从车门压板中夹出并拆除下面的驾驶员侧面 A 柱的面板。

（7）夹出罩盖，拧出螺钉，如图 7-6 中的箭头所示，拆除驾驶员侧的杂物箱，脱开前照灯开关的插头连接和照明范围调节器的插头连接。

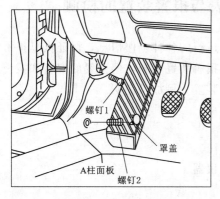

图 7-5　拆 A 柱面板

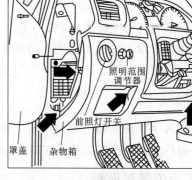

图 7-6　拆杂物箱

（8）向上移动护板，用辅助工具（例如螺栓扳手手柄）夹紧，拆下 4 个螺钉，如图 7-7 中的箭头所示，拧下盖子。

（9）拧开 2 个螺钉，如图 7-8 中的箭头所示。取下组合仪表，断开插头连接。

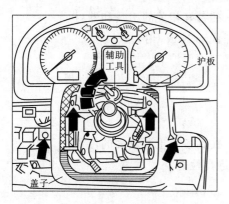

图 7-7　取下护板盖

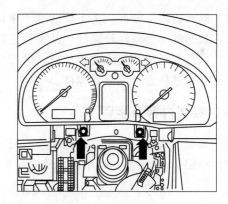

图 7-8　断开插头

（10）安装时，按与拆卸相反的顺序进行。

（11）整理工位，清理工具和仪器，清洁车内及地面卫生。

五、实训注意事项

（1）从 ECU 中读取相关故障及信息并记录；拆下蓄电池负极电缆，以免手触摸仪表板后面时造成线路短路，拆下仪表板必须在切断蓄电池电源的情况下进行操作。

（2）在连接螺栓（钉）和卡扣没有完全拆除时，禁用蛮力强卸，以免损坏仪表板。

（3）在拆方向盘时，使方向盘处于车辆正前行驶位置，并在方向盘和转向轴上做好标记，以免在装复时发生错位，从而造成在转动方向盘时，螺旋电缆被拉断。

六、实训报告要求

详细叙述仪表台的拆装过程和各步骤中的注意事项。

实训二　汽车主要仪表与报警装置的检测

汽车的仪表与报警装置为驾驶员了解汽车运行的各种工作信息，保证汽车正常行驶和行车安全提供了保障。虽然不同汽车的仪表与报警装置不同，但主要的仪表和报警装置的设置是一样的。本书以汽车常见的仪表与报警装置为例加以说明。

一、实训目的

(1) 掌握各主要仪表和报警装置的检查方法。

(2) 能熟练使用各种常见维修工具和检查仪器。

二、实训仪器和设备

实训车辆一辆、万用表、底盘测功机、仪表开关、维修工具、试灯、翼子板护裙、驾驶室保护罩等。

三、实训前的准备

(1) 汽车进入工位前，将工位清理干净，准备好相关的工具和器材。

(2) 拉紧驻车制动器操纵杆，并将变速杆置于 N 或 P 挡。

(3) 粘贴翼子板和前脸磁力护裙，做好驾室的保护。

(4) 准备零件盒，以放置零件。

四、实训内容及步骤

(1) 根据仪表台的拆装要求拆卸仪表板，找到各个主要仪表的位置。

(2) 如图 7-9 所示，对车速表及里程表进行检查。

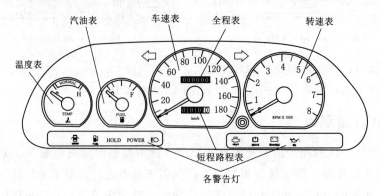

图 7-9　转速表、车速表及里程表

1) 使用底盘测功机，检查车速表指示值是否在规定范围内，见表 7-1。如果误差超过规定要求，则更换车速表。

2) 车速表及里程表不动时，拆开驱动轴接头，如图 7 - 10 所示，检查内部的软轴是否折断，或检查变速器处的驱动齿轮。

表 7 - 1　　　　　　　　　　　　车速表标准值与允许范围

车速表标准值/(km/h)	允许范围/(km/h)	车速表标准值/(km/h)	允许范围/(km/h)
20	21～25	100	104～109
40	41.5～46	120	125～130.5
60	62.5～67	140	145.5～151.5
80	83～88	160	166～173

(3) 转速表的检查。

1) 转速表作用时。另接转速表，启动发动机。检查另接的转速表在标准值时，车上转速表的转速是否在容许范围内，见表 7 - 2。如果误差超过规定要求，更换转速表。

表 7 - 2　　　　　　　　　　　　转速表标准值与允许值

转速表标准值/(km/h)	允许范围/(km/h)	转速表标准值/(km/h)	允许范围/(km/h)
700	610～750	5000	4850～5150
3000	2850～3150	7000	6790～7210

2) 转速表不作用时。拆开仪表板，转速表接在 2E 与 2G 两接头上，如图 7 - 11 所示。启动发动机，若转速表显示正确的转速，表示仪表至点火器间的电线或接头没有问题。

(4) 燃油表的检查。

1) 拔出燃油传感器连接器，打开点火开关，检查燃油表指针应指示在无油位置。

2) 将 1 只 3.4W 试灯跨接在配线侧连接器端子间。打开点火开关，试灯应变亮，且燃油表指针指向满的一侧。如果燃油表工作不符合要求，应检查燃油表电阻，如图 7 - 12 所示。

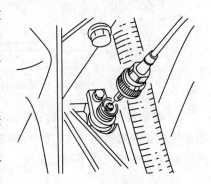

图 7 - 10　检查车速表软轴

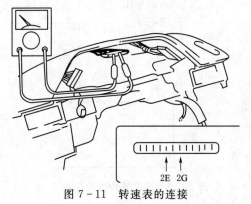

图 7 - 11　转速表的连接

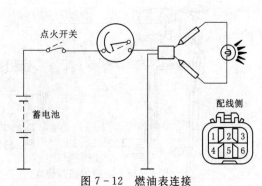

图 7 - 12　燃油表连接

3）如图 7-13 所示，测量燃油表各端子间电阻。端子 A 和 B 间阻值约为 101Ω，端子 A 和 C 间阻值约为 101.9Ω，端子 B 和 C 间阻值约为 203.2Ω；如果电阻值不符合标准，应更换燃油表。

4）燃油传感器的检查。

a. 如图 7-14 所示，串联 3 个 1.5 V 干电池，将干电池组正极通过 1 只 3.4W 的试灯接端子 3，负极接端子 2，当浮子从顶部移到底部位置时，端子 2 和 3 间电压应上升。

b. 如图 7-15 所示，测量传感器端子 2 和 3 间电阻，浮子在满位置时电阻约为 3Ω，在空位置时电阻约为 110Ω。如果阻值不符合要求，应更换燃油传感器。

c. 检查燃油液位警告灯。拔出燃油传感器连接器，如图 7-15 所示，短接传感器配线侧连接器端子 1 和 2，打开点火开关，检查警告灯应亮。如果灯不亮，检查灯泡和配线。

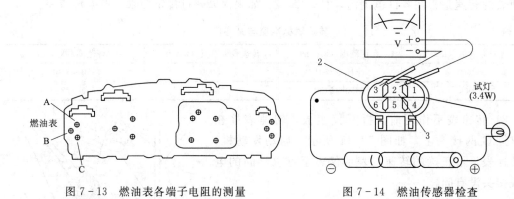

图 7-13　燃油表各端子电阻的测量　　　　图 7-14　燃油传感器检查

d. 燃油液位警告开关检查。如图 7-16 所示，将蓄电池正极通过 1 只 3.4W 试灯接至燃油传感器连接器端子 1，负极接端子 2，检查试灯应亮，把警告开关浸入燃油中，检查试灯应灭。如果工作不符合标准，则更换燃油传感器。

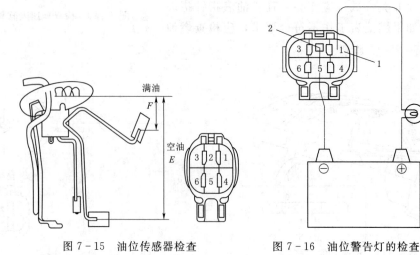

图 7-15　油位传感器检查　　　　图 7-16　油位警告灯的检查

（5）冷却液温度表系统检查。

1）如图 7-17 所示，测量冷却液温度表端子间电阻，端子 A 和端子 B 间电阻约为 200.3Ω，端子 A 和端子 C 间电阻约为 54Ω，端子 B 和端子 C 间电阻约为 146.3Ω。如果阻值不符合要求，应更换冷却液温度表。

2）拔出冷却液温度传感器连接器，打开点火开关，冷却液温度表指针必须指示在"冷"位置，将冷却液温度传感器配线侧连接器通过 1 只 3.4W 试灯接地，打开点火开关，检测试灯应亮，且冷却液温度表指针必须向"热"侧移动，如果冷却液温度表工作不符合要求，更换冷却液温度传感器后，再检查系统。如果工作仍不符合要求，再检查冷却液温度表电阻。

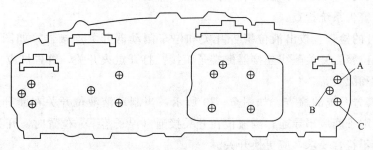

图 7-17　冷却液温度表电阻的检查

（6）发动机机油压力警告系统检查。

1）警告灯检查。拔出发动机 ECU 连接，ECU 配线侧连接器端子 OW 接地，打开点火开关，检查警告灯应亮。如果警告灯不亮，应检查灯泡。

2）发动机机油压力传感器电路的检查。拔出发动机机油压力传感器，如图 7-18 所示，将配线侧连接端子 1 接地，打开点火开关，约 40s 后警告灯应亮，若不亮再拔出发动机 ECU 与机油压力传感器连接器，如图 7-18 和图 7-19 所示，检查配线侧连接器端子间导通性和电压应符合要求。如果结果不符合标准，应更换发动机 ECU。

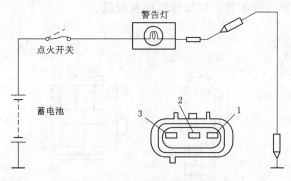

图 7-18　发动机机油压力报警电路图

（7）低油压警告系统检查。

1）警告灯的检查。拔出油压警告开关连接器，使配线侧连接器端子接地，打开点火开关，警告灯应亮，如果警告灯不亮，应检查灯泡或配线。

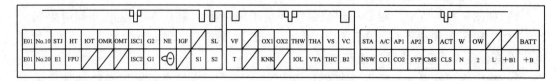

E01	No.10	STJ	HT	IOT	OMR	OMT	ISC1	G2	NE	IGF	/	SL		VF	/	OX1	OX2	THW	THA	VS	VC		STA	A/C	AP1	AP2	D	ACT	W	OW	/	/	BATT
E01	No.20	E1	FPU				ISC2	G1	⊖			S1	S2		T		KNK		IOL	VTA	THC	B2		NSW	CO1	CO2	SYP	CMS	CLS	N		2	L	+B1	+B

图 7 - 19　发动机 ECU 接口

2）机油低压警告灯开关的检查。在发动机不工作时，检查油压开关端子与地间是否导通，应为不导通。在发动机工作时，检查油压开关端子与地间是否导通，应为不导通（此时油压必须大于 29kPa）。如果不符合标准，应更换开关。

（8）制动警告系统检查。

1）警告灯的检查。拔出液位警告开关和停车制动器开关连接器，如图 7 - 20 所示，用一导线将液位警告开关配线连接器侧端子短接。打开点火开关，警告灯应亮。如果灯不亮，检查灯泡和配线。

2）制动警告系统的检查。如图 7 - 20 所示，当制动液液位开关在断开（浮子上浮）位置时，开关端子间应不导通；当液位在开关接通（浮子落下）位置时，开关端子间应导通。如果工作不符合要求，应更换开关。

3）驻车制动器系统检查。

a. 检查警告灯工作情况。拔出驻车制动器开关连接器，将开关配线侧连接器端子接地，打开点火开关，检查灯应亮。如果工作不正常，拆下并测试灯泡。

b. 检查驻车制动器拉起时，开关端子间应导通。驻车制动器松弃时，开关端子间应不导通。如果导通性不符合要求，应更换开关。

（9）开门警告系统检查。

1）警告灯的检查。拔出前门、滑动门、后门门控开关连接器，如图 7 - 21 所示，分别将前门、滑动门、后门门控开关配线侧连接器端子 1～端子 3 接地。打开点火开关，检查警告灯应亮。如果警告灯不亮，应检修灯泡和配线。

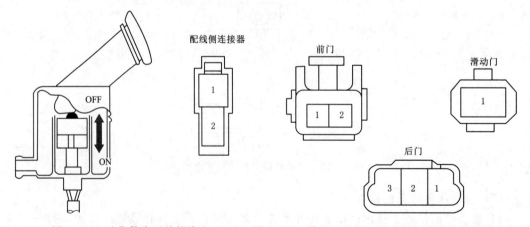

图 7 - 20　油位警告开关的检查　　图 7 - 21　前门、后门、滑动门门控形状配线侧连接器

2）门控开关检查。

a. 检查前门门控开关。在开关接通状态下（车门打开）时，端子1、2和开关壳体间应导通。在开关断开（门关闭）时，端子1、2和开关壳体应不导通。

b. 检查滑动门门控开关。在开关接通（车门打开）时，端子1和开关壳体间应导通。在开关断开（车门关闭）时，端子1、2和开关壳体间应不导通。

c. 检查后门门控开关。当开关接通（车门打开）时，开关1、3间应导通。在开关断开（车门关闭）时，端子1、3间不导通。

（10）仪表照明控制变阻监视系统的检查。检查灯控变阻器，如图7-22所示。将一个灯跨接到连接器端子1和3上，将蓄电池正极接变阻器连接器2号端子，负极接1号端子，向下慢慢转动变阻器旋钮，试灯应慢慢变暗；向上慢慢转动变阻器旋钮，试灯应由暗变亮。若工作不符合要求，应更换变阻器。

五、实训注意事项

（1）在检查仪表时，最好先参阅具体车型的仪表线路图。

（2）仪表内部有电子元件，在实验过程中禁止用短路法，以免大电流损坏元件。

（3）不要带电插拔各种控制板和插头。

（4）要注意保护仪表，工作中要轻拿轻放。

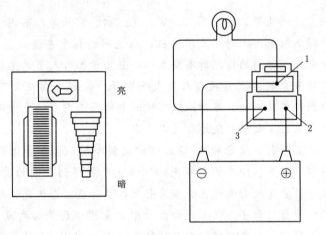

图7-22　仪表照明控制变阻器检查

六、实训报告要求

报告中，叙述清楚汽车上常见的主要仪表和报警装置的检测方法和各自的注意事项。

实训单元八
汽车空调设备的检测

导入案例

一辆 2009 款的某品牌轿车，累计行驶了 164335km，车主报修项目为近期空调不制冷。接车后实测出风口吹出的风根本没有一丝凉意；打开引擎盖发现压缩机不工作。车辆熄火后，检查发现线路、皮带、继电器、电子扇等都正常，但系统内一点压力也没有，由此初判为系统内的制冷剂已泄漏完。采用加压检漏法测试发现系统压力下降很快，但在发动机舱及冷凝器处都未发现有泄漏现象，可进入驾驶室并关闭车门后，便听到"嘶、嘶"的风声从中央出风口吹出，由此判断是蒸发器故障造成的泄漏。通过分解蒸发箱，更换蒸发器，再重新进行检漏保压试验均没有发现渗漏现象，加注制冷剂后，经测试，故障已彻底排除。

由于汽车空调系统的使用环境（高温、油、气、水、震动等）不同于一般的家用或商用空调，且汽车空调压缩机为半封闭式压缩机，在使用过程中易造成制冷剂泄漏，因此，在车辆使用过程中充灌制冷剂的情况时有发生。而且由于工作人员的不规范操作，甚至一些修理厂把空调中的残余制冷剂直接排放到大气中等，使制冷剂在大气中的数量不断增加。大气中的制冷剂会不断地破坏保护地球环境的臭氧层而形成臭氧空洞，增加紫外线辐射到地面的数量而产生温室效应，使地球气温升高。

我国已签署了《蒙特利尔议定书》，目前"回收制冷剂—再生净化制冷剂—系统抽真空—加注"这种科学、环保、经济的制冷剂加注方式日益得到人们的重视。"以生态文明思想为指导，以经济社会发展全面绿色转型为引领，坚持走生态优先、绿色发展道路"的理念已深入人心。作为当代青年，在工作和生活中更要严格遵循各种政策、规范和制度，在走生产发展、生活富裕、生态良好、人与自然和谐共生的文明发展道路上起到示范和引领作用。

实训一　更换汽车空调滤芯

汽车的空调滤芯应定期进行检查、清洁或更换，滤芯脏污会影响到空调的制冷效果、采暖效果及车内外换气效果。空调滤芯更换周期一般为 10000～20000km，如果经常对空调滤芯进行清洁，会在一定程度上延长空调滤芯的使用寿命，但车辆行驶 20000km 以上时，空调滤芯内的活性炭过滤功能已经减退，过滤效果开始下降，此时，应及时更换空调滤芯。

一、实训目的

（1）熟悉汽车空调滤芯的安装位置。

（2）掌握更换汽车空调滤芯的操作方法。

二、实训仪器和设备

空气压缩机（图8-1），吹气枪（图8-2），鲤鱼钳，棉纱，维修工具，翼子板护裙，驾驶室保护罩等。

图8-1　空气压缩机　　　　　　　　　图8-2　吹气枪

三、实训前的准备

（1）汽车进入工位前将工位清理干净，准备好相关的工具和器材。

（2）拉紧驻车制动器，并将变速器置于N或P挡。

（3）打开并可靠支撑机舱盖。

（4）粘贴翼子板和前脸护裙。

（5）安装转向盘套、换挡手柄套和座套，铺设地板垫等。

（6）准备零件盒，以备放置零件。

四、实训内容及步骤

（1）确定空调滤芯位置。空调滤芯如图8-3所示。一般汽车空调滤芯可能有两个安装位置：一是在发动机舱靠近风窗玻璃下（德系车）；二是在副驾驶座前风窗下的储物盒后面或是下面（日韩车系）。

（2）拆下空调滤芯。

1）在发动机舱靠近风窗玻璃下的空调滤芯。用鲤鱼钳取下防护板固定卡，取下防护板，便可取出空调器滤芯。

2）在储物盒后面或是下面的空调滤芯。储物盒的固定方式基本都是螺丝或者卡扣，先拆下螺丝或卡扣，双手向内

图8-3　空调滤芯

压下储物盒两侧，用力卸下储物盒，用手轻压两侧的卡子便可取出空调滤芯。

（3）检查并清洁空调滤芯。检查空调滤芯是否破损，如有损坏应更换新件。若无损坏应用棉纱清洁空调进气口，并按进气反方向用压缩空气吹去空调滤芯上的灰尘等。

（4）安装空调滤芯。将清洁或更换的新滤芯安装回原位，注意滤清器上的"↑UP"标志应向上。将储物盒或防护板装回原位。

（5）清洁工具、车辆和仪器，清洁地面卫生。

五、实训中注意事项

（1）防护板和储物盒多为塑料件，拆装、清洁、摆放过程中，应注意轻拿轻放，禁止弯折和重压，以免造成损坏。

（2）清洁拆下的滤芯时，吹气方向应与进气方向相反；清洁空调滤芯时，应佩戴防护口罩，并且远离车辆。

（3）注意滤清器上的安装方向。

六、实训报告要求

记录所拆车型更换空调滤芯的具体过程，并说明各步骤中应注意的问题。

实训二　汽车空调系统制冷剂的加注

汽车的空调系统用于改善汽车舒适性，可以对车内空气的温度、湿度进行调节，并保持车内空气清洁。制冷剂作为空调系统的传热载体，通过状态变化吸收或放出热量，以达到调节车内空气的目的。在汽车空调的使用中，由于部件损坏或管路泄漏等原因，使系统内制冷剂排空或存量不足时，都需要重新加注或补充制冷剂。

一、实训目的

（1）熟悉汽车空调系统制冷循环管路和制冷剂加注机的使用方法。
（2）掌握汽车空调系统制冷剂加注的操作技能。

二、实训仪器和设备

实训轿车一辆、制冷剂加注机（图8-4）、检漏仪（图8-5）、制冷剂（图8-6）、翼子板护裙和驾驶室内保护罩等。

三、实训前的准备

（1）汽车进入工位前将工位清理干净，准备好相关的工具和器材。
（2）拉紧驻车制动器，并将变速器置于N或P挡。
（3）打开并可靠支撑机舱盖。
（4）粘贴翼子板和前脸护裙。
（5）安装转向盘套、换挡手柄套和座套，铺设地板垫等。

图8-4 制冷剂加注机　　　　　图8-5 检漏仪　　　　　图8-6 制冷剂

四、实训内容及步骤

（一）放空制冷剂与制冷循环管路抽真空

（1）将蓝色软管的一端与制冷剂加注机的低压表下方管接头连接，另一端通过快速接头连接到空调低压循环管路上的阀门上，使制冷剂加注机与汽车空调系统的低压管路相连。

（2）将红色软管的一端与制冷剂加注机的高压表下方管接头连接，另一端通过快速接头连接到空调高压循环管路上的阀门上，使制冷剂加注机与汽车空调系统的高压管路相连。

（3）将绿色软管的一端与集液罐相连，另一端与制冷剂加注机的中间管接头连接，如图8-7所示。

（4）启动发动机使其在1000～1200r/min运转，调整空调至最冷位置并运行10～15min后，恢复发动机正常转速，然后关闭发动机；缓慢开启高、低压侧手动阀，从绿色软管排出制冷剂，当高、低压表读数均为1个大气压时，说明系统已排空。

（5）将绿色软管与集液罐相连一端拆下接到真空泵的进气口接头上，另一端仍与制冷剂加注机的中间管接头连接，使加注机与真空泵连接，如图8-8所示。打开高、低压表管路控制阀门。

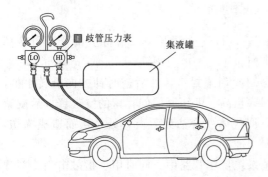
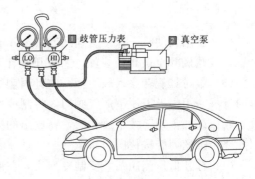

图8-7 汽车与制冷剂加注机的连接示意图　　　　图8-8 抽真空示意图

当低压表显示为750mmHg或更高时，关闭高、低压表的控制阀门，并关闭真空泵电源，让真空泵停转。真空泵停转5~10min后，若压力表显示数值保持不变，说明空调系统密封性良好。真空泵工作10min后，若低压表显示达不到750mmHg或更高，说明空调系统可能有泄漏，应关闭高、低压管路控制阀门和真空泵电源，进行泄漏检查，并根据具体情况进行修理；若找不到泄漏的地方，应再打开高、低压控制阀和真空泵电源，继续抽真空，直到低压表显示为750mmHg或更高。如果抽真空不足，空调管道内的水分会冻结，这将阻碍制冷剂的流动并导致空调系统内表面生锈。

（二）加注制冷剂

制冷剂的加注有两种方法：液态加注法和气态加注法。液态加注制冷剂时，要保持空调压缩机不工作，制冷剂从高压管路注入，低压表一侧管路关闭，制冷剂罐倒置。气态加注制冷剂时，要保持空调压缩机处于工作状态，制冷剂从低压管路注入，高压表一侧管路关闭，制冷剂罐正置。下面以气态加注法为例加以说明。

（1）取下真空泵进气口端的软管，将软管与注入阀的管接头连接，如图8-9所示，并保证连接可靠。在高、低压表的控制阀门都完全关闭的情况下，将注入阀手柄逆时针方向转动，使针阀上移后［图8-9（1）位］，再将注入阀的阀盘拧紧在制冷剂罐上［图8-9（2）位］。若在针阀未升起后便安装加注罐，针阀会插进加注罐从而导致制冷剂泄漏。

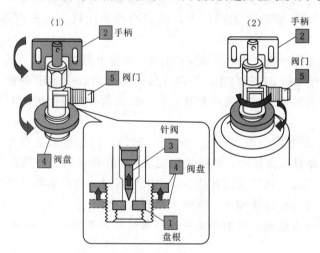

图8-9　注入阀示意图

（2）启动发动机，保持怠速运转3~5min后，打开空调开关，并将空调开至最冷挡位置，鼓风机开至最高挡位置，并打开所有车门。

（3）顺时针旋转注入阀手柄，使针阀刺穿制冷剂罐封口，然后逆时针方向旋转手柄，退回针阀。用螺丝刀压下放气阀门，将制冷剂罐至高、低压阀门间存留的空气释放后旋紧放气阀门。如果用手按下放气阀，释放出的空调气体就会沾到手上等处，从而造成冻伤，因此要用螺丝刀等按住阀门。

（4）打开低压侧阀门，使制冷剂注入空调系统低压管路中。同时用手指敲击制冷剂罐底部，如出现空响声，说明该罐制冷剂已加注完，按上述方法换装另一罐制冷剂。注意在整个加注过程中应保持制冷剂罐正置，使制冷剂以气态进入空调系统低压管路中。否则，液态制冷剂将液击压缩机，导致制冷剂罐爆裂。

在注入制冷剂的同时，观察高、低压表显示数值变化情况，当压力达到规定值低压 $0.15\sim0.25MPa$（$1.5\sim2.5kgf/cm^2$）、高压 $1.37\sim1.57MPa$（$14\sim16kgf/cm^2$）时，关闭低压管路阀门，停止加注制冷剂。当外界温度过高，制冷剂难于注入时，可用空气或冷水降低冷凝器的温度。当外部温度低时，可用温水（40℃以下的温水）加热制冷剂罐，这样可使加注比较容易。

⑸ 关闭空调和鼓风机开关，关闭点火开关。取下加注阀、制冷剂罐和所有连接软管，将阀门盖旋入高、低压管路的阀门上。

（三）制冷剂加注量是否适当的检查

启动发动机，并使空调制冷系统工作，通过观察窗察看制冷剂加注量是否适当。如果管路中有少量气泡，证明制冷剂加注量适当；如果管路中无气泡，说明制冷剂加注量过多或无制冷剂；如果管路中有大量气泡，说明制冷剂加注量过少，如图 8-10 所示。

（四）空调管路泄漏检查

使用检漏仪按图 8-11 所示的部位检测系统泄漏的情况，检漏时，检漏仪应置于管接头的下方，如有泄漏应排除。

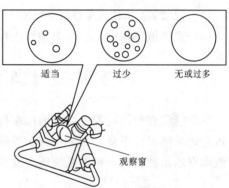

图 8-10　空调工作时观察窗情况示意图

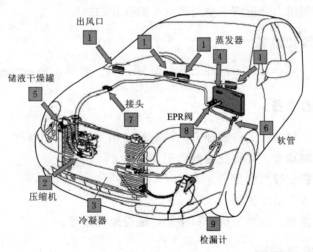

图 8-11　空调检漏部位

（五）整理工位

做好工位、车辆、工具、仪器和工位的清洁，培养良好的工作习惯。

五、实训注意事项

（1）严禁加错制冷剂。

（2）加注制冷剂时应佩戴防护眼镜和手套，以免制冷剂进入眼睛和溅到皮肤上。若制冷剂不小心进入眼睛和溅到皮肤上，应立即用清水冲洗，严重的应送医院进行专业处理。

（3）禁止用明火或电阻加热制冷剂罐，否则有爆炸的危险。

（4）制冷剂加注量应适当，否则会影响制冷效果。

（5）从低压管路加注制冷剂时，禁止将制冷剂罐倒置。从高压管路加注制冷剂时，严禁压缩机运行且关闭低压侧阀门。

六、实训报告要求

（1）记录实验车辆汽车空调系统加注制冷剂的具体过程，并说明各步骤中应注意的问题。

（2）说明液态加注法和气态加注法在加注过程中的不同之处。

实训三　汽车空调系统压力的检测

汽车空调在使用过程中，常因压缩机故障、制冷剂过多或过少、系统有水分等原因而造成空调系统工作不良，为了检查和维修汽车空调系统，常常要应用歧管压力表组件来测量汽车空调系统压力，根据系统压力来分析和查找空调系统的故障。

一、实训目的

（1）掌握利用歧管压力表组件测试汽车空调系统高、低压管路压力的方法。

（2）能根据检测压力分析汽车空调系统可能存在的故障。

二、实训仪器和设备

实训轿车一辆、歧管压力表组件一套（图 8-12），翼子板护裙和驾驶室内保护罩等。

三、实训前的准备

（1）汽车进入工位前将工位清理干净，准备好相关的工具和器材。

（2）拉紧驻车制动器，并将变速器置于 N 或 P 挡。

（3）打开并可靠支撑机舱盖。

（4）粘贴翼子板和前脸护裙。

（5）安装转向盘套、换挡手柄套和座套，铺设地板垫等。

四、实训内容及步骤

（1）启动发动机，待发动机完全预热后，将空调设定为内循环，使发动机转速保持在 1200r/min 左右，并让鼓风机位于最高转速，温度控制开关位于最冷挡（因环境温度变化时，歧管压力表上显示值可能有轻微变化。以下为空气进口温度约为 30～35℃ 时的压力表的示数）。

（2）取下空调系统高、低压管路上的检修护帽。

（3）歧管压力表组件高、低压侧阀门都关闭，且将蓝色软管一端通过快速接头与空调系统低压检修阀连接，另一端接低压表侧接头；红色软管一端通过快速接头与空调系统高压检修阀连接，另一端接高压表侧接头，如图 8-13 所示。

图 8-12 歧管压力表组件

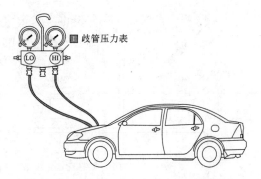

图 8-13 歧管压力表与汽车连接示意图

（4）启动发动机，当发动机完全预热后，使其稳定在1200r/min左右的速度运转，启动调整空调，将空调开至最冷位置、鼓风机位于最高转速5min后，检查歧管压力表读数。

（5）若空调系统低压为0.3MPa左右、高压为150.3MPa左右，如图8-14所示，说明系统压力正常。

（6）若空调系统的高压和低压都偏低，如图8-15所示，说明系统制冷剂不足，应查找泄漏点并排除泄漏，并加注制冷剂到适量。

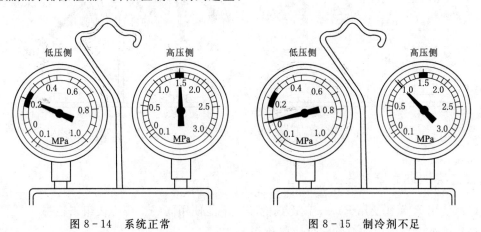

图 8-14 系统正常　　　　　　　图 8-15 制冷剂不足

（7）若空调系统的高压和低压都偏高，如图8-16所示；说明系统制冷剂有可能过多、冷凝器散热不良或风扇转速有异常。此时应检查冷凝器叶片是否堵塞、风扇电机是否故障，制冷剂过多应放出部分制冷剂。

（8）若空调系统高压不稳定，有时正常，有时偏低；低压压力有时正常，有时出现真空，如图8-17所示。说明空调系统有水分，水在膨胀阀管口结冰时，循环暂时停止，冰融化后又恢复正常工作。此时应更换储液干燥器，抽真空消除系统中的水汽后，重加注制冷剂。

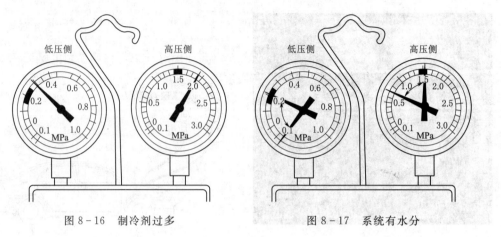

图 8-16　制冷剂过多　　　　　　　　图 8-17　系统有水分

（9）若空调系统低压偏高，高压正常，如图 8-18 所示。说明空调系统膨胀阀故障或热传感管安装不准确。此时应检查热传感管安装情况，膨胀阀若有故障应更换。

（10）若空调系统低压太高，高压太低，如图 8-19 所示，说明空调压缩机故障，应修理或更换压缩机。

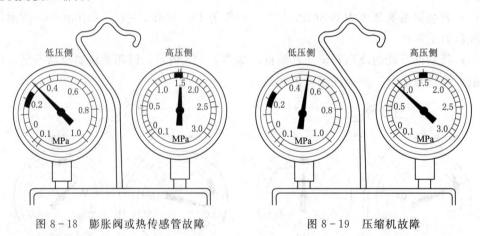

图 8-18　膨胀阀或热传感管故障　　　　图 8-19　压缩机故障

五、实训注意事项

（1）使用 R12 和使用 R134a 制冷剂的车辆不能使用同一个压力表组来检查。

（2）检查过程中应注意旋转件，以免伤人。

（3）压力表组的高压和低压管位置不能接反。

六、实习报告要求

（1）详细说明汽车空调压力检测的方法。

（2）记录并分析实验车辆的测量结果。

（3）分析其他可能出现的测量结果。

实训四　汽车空调系统电路故障诊断与检测

空调已经成为当前汽车的基本配置之一。在汽车使用过程中，空调控制电路会在外界的作用下发生故障，导致空调无法运行。汽车空调系统的电路主要包括电源控制电路、压缩机电磁离合器控制电路和安全保护控制电路。为了保证空调系统的正常运行，熟练掌握电路故障的分析和排除方法，对准确、快速地消除空调系统控制电路故障具有十分重要的意义。

一、实训目的

（1）能进行压缩机故障原因的分析，并掌握主要器件的检查方法。
（2）能进行鼓风机故障原因的分析，并掌握主要元器件的检查方法。
（3）能进行电子扇故障原因的分析，并掌握主要元器件的检查方法。

二、实训仪器和设备

汽车电工维修常用工具、万用表、丰田卡罗拉手动空调系统示教板和实验汽车一辆。

三、实训前的准备

（1）汽车进入工位前将工位清理干净，准备好相关的工具和器材。
（2）拉紧驻车制动器，并将变速器置于 N 或 P 挡。
（3）打开并可靠支撑机舱盖。
（4）粘贴翼子板和前脸护裙。
（5）安装转向盘套、换挡手柄套和座套，铺设地板垫等。

四、实训内容及步骤

（一）压缩机控制电路故障

1. 压缩机控制电路工作原理

压缩机离合器工作电气由空调面板 A/C 开关、压力开关、ECU、空调继电器和压缩机离合器等几部分组成，如图 8-20 所示。按下空调控制面板 A/C 开关，经压力开关向ECU 发出请求，ECU 根据整车状态进行判断分析，当满足设定条件时，ECU 输出低电平，接通空调继电器控制回路，继电器线圈通电开关吸合，离合器动作吸合。

2. 压缩机电磁离合器不工作时控制电路故障

（1）传动皮带张紧度检查。检查传动皮带是否正确地装在槽中，如图 8-21 所示。用98N 的作用力检查传动带张紧度，新皮带应下陷 5.5～6.5mm，旧皮带应下陷 7.0～9.0mm，否则调整皮带松紧度。

（2）电磁离合器线圈开路故障。按下 A/C 开关，电磁离合器不吸合，使用万用表电阻挡测量电磁离合器线圈，若为开路，更换压缩机电磁离合器，故障排除。

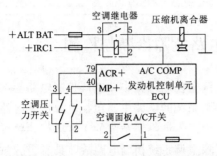
图 8-20 空调压缩机控制电路图

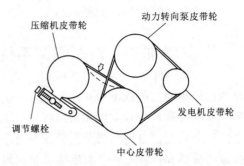
图 8-21 压缩机皮带张紧度检查

(3) 电磁离合器线圈短路故障。按下 A/C 开关，电磁离合器不吸合，检查 20A 保险丝是否烧断。使用万用表电阻挡测量电磁离合器线圈电阻为 0，正常电阻约 3Ω。此时应更换压缩机电磁离合器，即可排除故障。

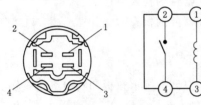
图 8-22 空调电磁离合器的检查

(4) 空调电磁离合器继电器检查。如图 8-22 所示，用欧姆表检查继电器端子 1 和端子 3 间应导通，端子 2 和端子 4 间应不导通；在继电器端子 1 和端子 3 间加上蓄电池电压，端子 2 和端子 4 间应导通，否则应更换继电器。

(5) 低压保护开关故障。按下 A/C 开关，电磁离合器不吸合；短接低压保护开关后，电磁离合器吸合，压缩机正常工作。此时要更换低压保护开关，按原图插好线头，故障排除。

(二) 鼓风机控制电路故障检查

1. 鼓风机控制电路工作原理

打开点火开关，减负荷继电器控制主继电器吸合，蓄电池电压经过 30A 保险丝，经过主继电器，由鼓风机开关换挡控制，经电阻器减速，提供鼓风机各个挡位供电电源，如图 8-23 所示。

2. 鼓风机不工作或缺挡位时控制电路故障

(1) 鼓风机不工作故障。打开点火开关，鼓风机不工作，可能出现故障部位有以下几个：①减负荷继电器失效，供电给减负荷继电器的 20A 保险丝开路；②主继电器失效，供电给主继电器的 30A 保险丝开路；③线路故障。

1) 前、后鼓风机电机检查。如图 8-24 所示，将蓄电池正极接前鼓风机电机连接器端子 2 或后鼓风机电机连接器端子 1，负极接另一端子，检查电机运转是否平稳，如果电机工作不正常，应检修或更换电机。

2) 元器件及相关故障检测。

a. 减负荷继电器检测：使用万用表电阻挡测量减负荷继电器线圈正常值为 75Ω，线圈通电试验，继电器内部开关吸合应正常，使用万用表电阻挡测量吸合开关应为通路；否则更换减负荷继电器。

b. 主继电器检测：同上。其中线圈为 1、3 脚，内部开关为 6、8 脚。

c. 保险检测：拔下保险使用观察法检查保险丝是否开路；在拔下保险丝情况下，使

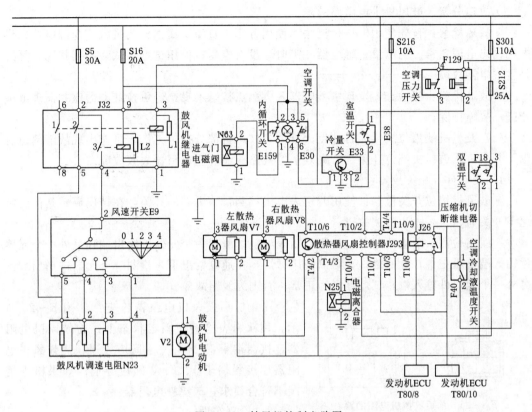

图 8-23　鼓风机控制电路图

用万用表电阻挡测量保险丝两端电压正常，是通路；也可以使用试灯，在通电情况下，检测保险丝输入和输出端电压，试灯点亮为正常；否则更换保险丝。

d. 线路检测：断电情况下，使用万用表电阻挡测量一个元器件输出端到另外一个元器件输入端电压正常，是通路；也可以使用试灯，在通电情况下，检测一个元器件输出端到另外一个元器件输入端电压，试灯点亮为正常；否则为线路故障。

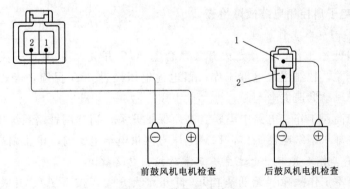

图 8-24　鼓风机的检查

3）检测实训。

• 故障现象：鼓风机不工作。

· 故障分析：鼓风机供电电路故障。

· 故障检修：首先使用电压检测法，使用万用表直流电压挡，测量减负荷继电器，供电和输出电压正常。当测量主继电器6脚时，没有电压；使用试灯测试为相同状况，怀疑是主继电器故障。

· 故障排除：经检查，发现主继电器8脚触点接触不良，经更换继电器座并清理继电器脚，故障排除。

(2) 鼓风机缺挡位故障。打开点火开关，鼓风机部分挡位工作，可能出现故障部位有以下几个：①鼓风机挡位开关部分失效；②线路故障；③电阻器失效故障。

1) 元器件及相关故障检测。

· 鼓风机挡位开关检测：使用万用表电阻挡测量缺失挡的开关，在挡位调整到位的情况下开关通路；否则为开关故障。

· 线路检测：断电情况下，使用万用表电阻挡测量一个元器件输出端到另外一个元器件输入端电压正常，是通路；也可以使用试灯，在通电情况下，检测一个元器件输出端到另外一个元器件输入端，试灯点亮为正常；否则为线路故障。

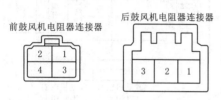

前鼓风机电阻器连接器　　后鼓风机电阻器连接器

图 8 - 25　前后鼓风机电阻的检查

· 前、后鼓风机电阻器检查：如图 8 - 25 所示，用欧姆表检查在固定状态下，前鼓风机电阻器连接器端子1、2、3、4间应导通，后鼓风机电阻器连接器端子1、2、3间应导通。如果检查情况不符合要求，应更换电阻器。

2) 检测实训。

· 故障现象：鼓风机4挡不工作。

· 故障分析：鼓风机挡位控制电路故障。

· 故障检修：使用电阻检测法，使用万用表电阻挡，测量4挡开关开路，确定该挡位损坏。

· 故障排除：经拆开检查，发现4挡输出触点接触不良，清理触点后，再涂上少许防腐剂，故障排除。

(三) 空调电子扇控制电路故障检查

1. 电子扇控制电路工作原理

(1) 电子扇低速工作。打开点火开关，合上 A/C 开关，由 A/C 开关供电，经恒温器、环境温度开关，控制主继电器工作；蓄电池电压经过 25A 保险，经过主继电器和电阻 R，提供电子风扇低速供电电源。

(2) 电子扇高速工作。电路中串联有高压保护开关，当空调管路系统压力过高时，开关吸合，控制冷却风扇继电器工作，12V 电压直接供电给电子扇，电子扇高速转动。

2. 电子扇不工作或其中一个速度不正常时控制电路故障

(1) 电子扇不工作故障（无低速挡）。打开点火开关，按下 A/C 开关，电子扇不工作，可能出现故障部位有以下几个：①环境温度开关或恒温器电路开路故障；②主继电器失效、供电给主继电器的 25A 保险开路；③电阻器故障；④电子扇故障；⑤线路故障。

1) 元器件及相关故障检测。

• 环境温度开关或恒温器检测：使用万用表电阻挡测量，正常时为通路。

• 主继电器检测：使用万用表电阻挡测量主继电器线圈正常值为 75Ω，线圈通电试验，继电器内部开关吸合应正常，使用万用表电阻挡测量吸合开关应为通路；其中线圈为 1、3 脚，内部开关为 6、8 脚。

• 保险检测：拔下保险丝，使用观察法检查保险丝是否开路；在拔下保险丝情况下，使用万用表电阻挡测量保险丝两端，正常是通路；也可以使用试灯，在通电情况下，检测保险丝输入和输出位置，试灯点亮为正常；否则更换保险。

• 电阻器检测：使用万用表电阻挡测量电阻器正常值为 2Ω。

• 电子扇检测：使用万用表电阻挡测量线圈电阻器正常值为 1.5Ω。

• 线路检测：断电情况下，使用万用表电阻挡测量一个元器件输出端到另外一个元器件输入端，正常是通路；也可以使用试灯，在通电情况下，检测一个元器件输出端到另外一个元器件输入端，试灯点亮为正常；否则为线路故障。

2）检测实训。

• 故障现象：电子扇不工作。

• 故障分析：电子扇供电电路故障。

• 故障检修：首先使用电压检测法，使用万用表直流电压挡，当测量主继电器 5 脚时，没有电压；使用试灯测试为相同状况，怀疑是主继电器故障。

• 故障排除：经检查，发现主继电器 4 脚触点接触不良，经更换继电器座并清理继电器脚，故障排除。

（2）电子扇无高速挡故障。打开点火开关，电子扇低速挡位工作，但高速挡不工作，可能出现故障部位有以下几个：①高压开关故障；②冷却风扇继电器故障；③线路故障。

1）元器件及相关故障检测

• 高压开关检测：使用万用表电阻挡测量开关，在高压时开关应为通路。

• 冷却风扇继电器检测：同上。

• 线路检测：断电情况下，使用万用表电阻挡测量一个元器件输出端到另外一个元器件输入端，正常是通路；也可以使用试灯，在通电情况下，检测一个元器件输出端到另外一个元器件输入端，试灯点亮为正常。

2）检测实训。

• 故障现象：电子扇高速挡不工作。

• 故障分析：电扇高速挡位控制电路故障。

• 故障检修：根据检修经验，常见是高压开关故障。

• 故障排除：短接高压开关两脚试验，故障不再出现，最后更换高压开关，故障排除。

五、实训注意事项

（1）检查元器件电路时，应使用数字式万用表，以增加准确度。

（2）电机运转时，提醒学生注意安全，防止电机高速旋转伤及学生。

六、实训报告要求

以压缩机不工作、鼓风机不工作或电子扇不工作和工作不正常，三者任选其一，在报告中分析清楚故障原因，并叙述各主要机件的检查方法和排除故障的整个过程。

实训单元九

其他附加电气设备的检测

导入案例

2019 年 2 月，一辆累计行驶里程为 72763km 的 7 座 SUV 黑色载客汽车，行驶至一高速公路右转弯路段时，因该车的左后车门突然意外打开，导致车内一小孩和一妇女先后从车辆左后车门甩出，造成小孩和妇女摔伤和擦伤、并险些遭后方正常行驶大货车碾压的事故。

事后，该车到 4S 店检查，当按下驾驶座旁边的中控开关时，除左后车门外，其余车门均锁止和开启都正常。由此可见故障发生在车辆的左后车门。分析事故的可能原因：一是驾驶员在行车过程中未通过开关将全车车门锁止，小孩在行车过程中触碰到车门锁开关意外开启了车门；二是中控锁失灵导致车门锁锁止不住，小孩在行车过程中触碰车门锁开关打开了车门。后经拆开车门内饰板查验，发现此事故的原因仅仅是由于主马达连动杆松脱，造成左后车门中控门锁失效而驾驶员未能及时发现。将松脱开的连动杆安装固定好后，故障排除。

中控门锁失灵导致车门锁不住，一般都是门锁执行机构和门锁控制器出现故障引起。中控锁常见的故障原因一般有马达老化，线路断（短）路或保险丝损坏，中控锁主机出现故障，主马达连动杆松脱，等等。这些情况一般通过检测仪都可以快速检测到故障信息，但在现实工作中，维修保养人员对车辆进行维护保养时，往往对汽车附加电气设备的检测维护的重视度不够，便造成了上述事故的发生。

此案例启示：随着汽车附属电器设备种类越来越多，它们虽不如转向、制动等系统对行车安全起到直接的影响，但同样与行车安全息息相关。作为汽车行业未来的从业者，在做好车辆常规的维护和保养作业的同时，还应不断学习汽车知识，并对车辆所配置的附属电器设备进行全面和仔细的检查和维护，确保各种车辆附属电器设备工作正常。要时刻把车主的利益放在第一位，不忘全身心为车主服务的宗旨，爱岗敬业，恪守职业规范，尽早发现并消除事故隐患，避免和减少类似事故的发生，为促进社会经济发展，维护社会和谐起到应有的作用。

实训一　电动车窗的故障检测

现代汽车普遍采用电动车窗，大大提高了汽车控制的方便程度，使汽车玻璃的升降更加轻松自如。

一、实训目的

（1）了解电动车窗的组成和结构特点。

（2）能读懂电动车窗相关部分的电路图。根据电路图，能诊断和排除电动车窗的电气故障。

二、实训仪器和设备

带电动车窗的轿车，万用表及常用工具等。

三、实训前的准备

（1）电动车窗分解图及示教电路板。

（2）准备好相关的仪器和设备。

（3）汽车进入工位前将工位清理干净。

（4）拉紧驻车制动器，并将变速器置于 N 或 P 挡。

（5）安装转向盘套、换挡手柄套和座套，铺设地板垫等。

（6）准备零件盒，以备放置零件。

四、实训内容及步骤

本田轿车电动车窗系统电路图如图 9－1 所示。系统控制电路主要由电源、熔断器、电动车窗继电器、电动车窗总开关、电动车窗开关和车窗电动机等组成。电动车窗系统常见故障包括所有车窗均不工作、某一车窗不工作或只能一个方向工作，车窗工作时有异响。

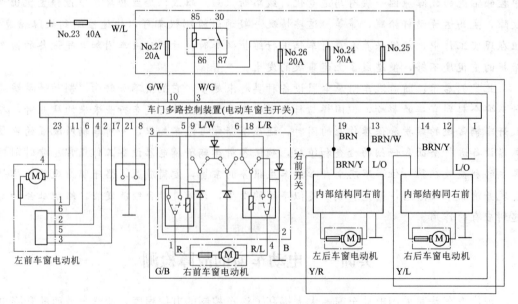

图 9－1　本田轿车电动车窗电路图

（一）所有车窗均不工作

（1）故障现象：按下电动车窗总开关或其他电动车窗开关时，车窗均不工作。

（2）故障部位及原因：电动车窗继电器损坏、熔断器断路或电路断路。

（3）故障诊断与排除方法：

1）检测电动车窗继电器电源。拔下位于仪表板下的电动车窗继电器，用万用表检测"30"端子是否有电源电压。若无电压，应排除电源至"30"端子之间的断路故障；若有电压，应插上继电器，接通点火开关，进行下一步检测。

2）检测电动车窗继电器。用万用表检测"86"端子和"87"端子是否有电源电压。若"86"端子有电压而"87"端子无电压，应用导线将"85"端子直接搭铁，再检测"87"端子是否有电压。若有电压，说明电动车窗继电器线圈搭铁不良，应予以排除；若仍无电压，说明电动车窗继电器线圈损坏，应更换电动车窗继电器。若"86"端子无电压，说明点火开关→仪表板熔断器盒中的10A熔断器→电动车窗继电器"86"端子之间断路，应予以排除。

3）检测电动车窗总开关电源。拆下驾驶员车门上的电动车窗总开关，拔下插接器，接通点火开关，检测车窗总开关插头上的"3"和"10"端子是否有电源电压。若无电压，则说明电动车窗继电器→发动机熔断器盒40A熔断器→电动车窗总开关之间的电路断路，应予以排除。

（二）某车窗不工作或只能一个方向动作

（1）故障现象：按下某一电动车窗开关时，车窗不工作或只有某一方向工作。

（2）故障部位及原因：该车窗开关或电动机损坏，该处导线断路或插接件松脱，锁止开关故障。

（3）故障诊断与排除方法（以右前车窗不工作为例）：

1）检测右前车窗电动机。拆下右前车门内装饰，拔下右前电动车窗开关与电动机的连接插头。在电动机插头端的"1""4"端子间分别连接蓄电池正、负极，检测电动机工作情况；掉换"1""4"端子与蓄电池的连接，再检测电动机反向运转情况。若检测到两个方向或某一方向不工作，应更换车窗电动机。若双向均工作正常，进行下一步检测。

2）检测电动车窗总开关及锁止开关。拆下右前车门内装饰，拔下连接右前电动车窗开关的插头，在插头端的"1""2"端子和"2""4"端子之间各连接一个12V/40W的灯泡，此时，两个灯泡均应点亮。当电动车窗总开关按向"升"或"降"位置时，其中一个灯泡应熄灭。

检测时，灯泡均不熄灭，则应更换右前电动车窗开关。

检测时均不亮，应检测右前电动车窗开关"3"端子→No.26之间的电路，右前电动车窗开关"2"端子→搭铁之间的电路是否断路。若无断路，应检测锁止开关是否损坏。若上面的检测正常，则应更换电动车窗总开关右前车窗控制按钮。

（三）升降器工作时有异响

（1）故障现象：车窗升降时发出异常响声。

（2）故障部位及原因：安装时没有调整好、卷丝筒内钢丝跳槽、滑动支架内传动钢丝夹转动，以及电动机盖板或固定架与玻璃碰擦等机械故障。

（3）故障诊断与排除方法：这类机械故障一般是安装位置或精度偏差所致，只需对所在位置的螺钉进行重新调整或紧固、矫正即可。

五、实训注意事项

（1）车窗结构的认识实训过程中，要多观察、多分析、多思考。

（2）在对车窗电路故障进行检测时，应在读懂电路图原理的基础上进行，避免盲目地拆卸。

六、实训报告要求

（1）记录检测过程中出现的问题及现象，总结其经验和重点。

（2）记录检测数据，并对数据结果进行比对分析。

实训二　电动中控门锁故障检测

中控门锁就是当锁一个车门时，其他车门也可以同时锁上。它既可以实现各个车门的单独锁住和打开，也可以实现几个车门同时锁住和打开，大大地提高了汽车使用的方便性。

一、实训目的

（1）了解电动中控门锁的电路组成及各组成部件的结构特点。

（2）能读懂电动中控门锁相关部分的电路图。根据电路图能诊断与排除电动中控门锁电路故障。

二、实训仪器和设备

本田轿车，万用表和常用工具等。

三、实训前的准备

（1）准备好相关的仪器和设备。

（2）汽车进入工位前将工位清理干净。

（3）汽车进入工位后，拉紧驻车制动器，并将变速器置于N或P挡。

（4）安装转向盘套、换挡手柄套和座套，铺设地板垫等。

（5）准备零件盒，以备放置零件等。

四、实训内容和步骤

本田轿车电动中控锁电路如图9-2和图9-3所示。中控门锁电路主要由电源、熔断器、多路控制装置、门锁开关和门锁动作器等组成。中控门锁系统常见故障有驾驶员侧车门锁开关、车门锁按钮和车门钥匙不能开门或锁门；副驾驶侧车门锁开关、车门锁按钮和车门钥匙不能开门或锁门。

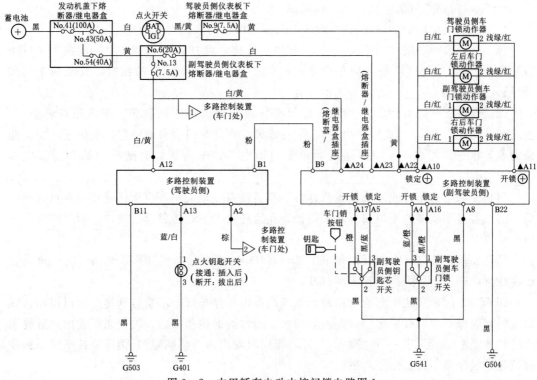

图 9-2 本田轿车电动中控门锁电路图 1

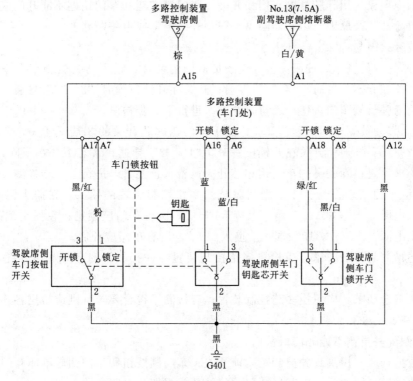

图 9-3 本田轿车电动中控门锁电路图 2

（一）本田轿车电动中控门锁工作情况

（1）按下遥控器的"LOCK"（锁定）按钮，所有的车门将被锁定。

（2）按下遥控器的"UNLOCK"（开锁）按钮，可开启车门锁，第一次按下"UN-LOCK"按钮，只开启驾驶席侧车门锁，再次按下"UNLOCK"按钮时，其余的车门都被开锁。

（3）当按下"UNLOCK"键时，如果车内顶灯开关在中间位置，车内顶灯就会亮。若这时没有开启车门，灯会延续约30s左右熄灭，并且车门会自动锁定，重新进入安全防盗的戒备状态；若在30s内用遥控器将车门锁定，则车内顶灯会随车门的锁定而立即熄灭。

（4）如果某一车门或发动机盖或是行李箱盖没有完全关闭、点火钥匙还插在点火开关里，遥控器将不能够锁车门或开启车门锁，在这种情况下，报警器会发出三声"嗰啾"的声音予以提醒。

（5）如果要开启行李箱，则按下"Trunk Release"（行李箱打开）键2s。若点火钥匙还插在点火开关上，则行李箱不能打开。

（6）当车门锁定或车门锁开锁时，系统通过闪烁停车灯、示宽灯和尾灯予以提示。锁定车门时闪烁一次，开启车门锁时闪烁两次。通过对遥控器编程，可使系统发出声音提示信号，锁定车门时发出一声"嗰啾"，开启车门时发出两声"嗰啾"。但重复按下同一遥控器按钮，报警器不再发出"嗰啾"声。

（二）驾驶员侧不能开门或锁门

（1）故障现象：用驾驶员侧车门锁开关、车门锁按钮和车门钥匙不能开门或锁门。

（2）故障部位及原因：熔断器断路、门锁开关损坏或电路断路。

（3）故障诊断与排除方法如下。

1）检测驾驶员侧车门按钮。拆开驾驶员侧门内装饰，拔下驾驶员侧车门按钮的3端子插头，开关在锁定位置时"1""2"导通；开关在开锁位置时"2""3"导通。若不符合要求，更换驾驶员侧车门按钮；若符合要求，进行下一步检测。

2）检测驾驶员侧车门钥匙芯开关。拔下车门钥匙芯开关的3端子插头，开关在锁定位置时，"2""3"导通；开关在开锁位置时，"1""2"导通；常态下各端子间均不导通。若不符合要求，更换驾驶员侧车门钥匙芯开关；若符合要求，进行下一步检测。

3）检测车门锁动作器。拔下副驾驶员侧多路控制装置的插头，在插头侧的"A10"端子上接入电源"＋"，"A11"端子上接入"－"，所有车门应锁定；在插头侧的"A11"端子上接入电源"＋"，"A10"端子上接入"－"，所有车门应开启。

若上述检测均符合要求，应检测多路控制装置在插头拔下时各端子电压是否符合表9-1的要求。

若检测符合要求，应更换多路控制装置；若检测不符合要求，则应检测各连接线的断路情况。

（三）副驾驶员侧不能开门或锁门

（1）故障现象：用副驾驶员侧车门锁开关、车门锁按钮和车门钥匙不能开门或锁门。

（2）故障部位及原因：熔断器断路、门锁开关损坏、电路断路。

表 9 - 1　中控门锁多路控制装置（驾驶员侧、副驾驶员侧和车门处）各端子输入情况表

端子	检 测 条 件	正常结果
多路控制装置（驾驶员侧）		
B1	检测与 B9 之间的通路情况	导通
B11	检测与搭铁之间的通路情况	导通
A2	检测与 A15 之间的通路情况	导通
A12	检测与搭铁之间的电压	12V
A13	点火开关插入时检测与搭铁之间的电阻	导通
A13	点火开关拔出时检测与搭铁之间的电阻	∞
多路控制装置（副驾驶员侧）		
B22	检测与搭铁之间的通路情况	导通
A17	副驾驶员侧车门钥匙芯开关在开锁位置时，检查与搭铁之间的通路情况	导通
A5	副驾驶员侧车门钥匙芯开关在锁定位置时，检查与搭铁之间的通路情况	导通
A4	副驾驶员侧车门锁开关在开锁位置时，检查与搭铁之间的通路情况	导通
A16	副驾驶员侧车门锁开关在锁定位置时，检查与搭铁之间的通路情况	导通
A8	检测与搭铁之间的通路情况	导通
A23	检测与搭铁之间的电压	12V
A24	检测与搭铁之间的电压	12V
A22	点火开关接通，检测与搭铁之间的电压	12V
多路控制装置（车门处）		
A1	检查与搭铁之间的电压	12V
A7	驾驶员侧车门按钮在锁定位置时，检查与搭铁之间的通路情况	导通
A17	驾驶员侧车门按钮在开锁位置时，检查与搭铁之间的通路情况	导通
A6	驾驶员侧车门钥匙芯开关在锁定位置时，检查与搭铁之间的通路情况	导通
A16	驾驶员侧车门钥匙芯开关在开锁位置时，检查与搭铁之间的通路情况	导通
A8	驾驶员侧车门锁开关在锁定位置时，检查与搭铁之间的通路情况	导通
A18	驾驶员侧车门锁开关在开锁位置时，检查与搭铁之间的通路情况	导通
A12	检查与搭铁之间的通路情况	导通

（3）故障诊断与排除方法。

此种情况的故障诊断与排除方法与驾驶员侧不能开门与锁门的故障诊断和排除方法相近。顺序为检测副驾驶员侧车门按钮、检测副驾驶员侧车门钥匙芯开关、检测车门锁动作器。若上述检测不符合要求，则应检测多路控制装置插头端各端子情况，端子状况符合要求，应更换多路控制装置。

五、实训注意事项

（1）电动中控门锁结构的认识实训过程中，要多观察、多分析、多思考。

（2）在对电动中控电路故障进行检测时，应在读懂电路图原理的基础上进行，避免盲目地拆卸。

六、实训报告要求

（1）记录检测过程中出现的问题及现象，总结其经验和重点。

（2）记录检测数据，并对数据结果进行比对分析。

实训三　电动座椅故障检测

电动座椅能够实现座椅的自动调整，使得驾驶和乘坐更加舒适；同时，部分电动座椅还带有坐姿记忆功能，可以实现最佳坐姿的记忆。

一、实训目的

（1）掌握电动座椅的结构。

（2）能读懂电动座椅相关部分的电路图。根据电路图，能诊断电动座椅的电气故障。

二、实训仪器和设备

带电动座椅的轿车、万用表及常用工具等。

三、实训前的准备

（1）准备好相关的仪器和设备。

（2）汽车进入工位前将工位清理干净。

（3）汽车进入工位后，拉紧驻车制动器，并将变速器置于 N 或 P 挡。

（4）安装转向盘套、换挡手柄套和座套，铺设地板垫等。

（5）准备零件盒，以备放置零件等。

四、实训内容及步骤

本田轿车电动座椅控制电路如图 9-4 所示。系统控制电路主要由电源、熔断器、电动座椅调节开关和调节电动机等组成。

（一）座椅完全不能动作故障的诊断与排除

（1）故障现象：电动座椅调节开关不管拨到什么位置，座椅都不能调节。

（2）故障部位及原因：熔断器熔断、线路断路、座椅开关故障等。

（3）故障诊断与排除方法如下。

1）检测电源。拔下电动座椅开关插接器 B，用万用表检测插接器"B2""B6"端子（端子排列如图 9-5 所示）是否有蓄电池电压。若无蓄电池电压，应检测发动机罩下熔断

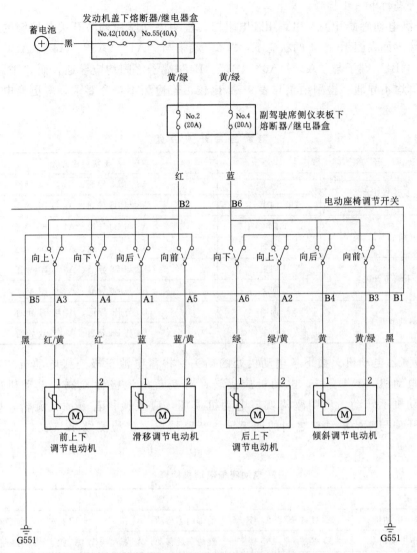

图 9-4　本田轿车电动座椅控制电路图

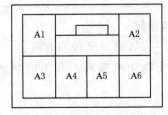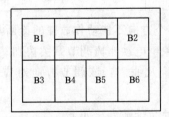

图 9-5　本田轿车电动座椅开关插接器

器/继电器盒中的 42 号 100A 熔断器和 55 号 40A 熔断器是否断路, 副驾驶员侧仪表板下熔断器/继电器盒中的 2 号 20A 或 4 号 20A 熔断器是否断路, 若断路应予以更换; 若有蓄电池电压，进行下一步检查。

2）检测电动座椅开关。用万用表电阻挡，检测电动座椅调节开关各按键的动作和触点的通断性。如在图示 9-4 的状态下，"B5"端子与"A1""A3""A4""A5"端子之间均应导通，"B1"端子与"A2""A6""B3""B4"端子之间均应导通，而"B2"和"B6"与任一插脚均不导通。检测结果与表 9-2 比较，若检测不符合要求，应更换电动座椅调节开关。

表 9-2　　　　　　　　　　　　　　电动座椅开关检查

开　关　位　置		正常导通情况
前上下调节开关	向上	A3 与 B2 导通、A4 与 B5 导通
	向下	A3 与 B5 导通、A4 与 B2 导通
滑移调节开关	向前	A5 与 B2 导通、A1 与 B5 导通
	向后	A1 与 B2 导通、A5 与 B5 导通
后上下调节开关	向上	A2 与 B6 导通、A6 与 B1 导通
	向下	A6 与 B6 导通、A2 与 B1 导通
倾斜调节开关	向前	B3 与 B6 导通、B4 与 B1 导通
	向后	B4 与 B6 导通、B3 与 B1 导通

3）检测各电动机。拔下各电动机处的插头，将蓄电池正极连接电动机"1"端子，负极连接电动机"2"端子，电动机应旋转；对换蓄电池极性检测，电动机应反向旋转。若电动机不转动，说明座椅调节电动机损坏，应更换；若电动机旋转，则应检测电动座椅开关与座椅电动机之间的连接导线断路情况。将检测结果与表 9-3 比较，是否符合。

表 9-3　　　　　　　　　　　　电动座椅电动机检查

检查项目	正　常　结　果
前上下调节电动机	A3 接"＋"、A4 接"－"前部向上移动；A4 接"＋"、A3 接"－"前部向下移动
滑移调节电动机	A1 接"＋"、A5 接"－"座椅向后移动；A5 接"＋"、A1 接"－"座椅向前移动
后上下调节电动机	A6 接"＋"、A2 接"－"后部向下移动；A2 接"＋"、A6 接"－"后部向上移动
倾斜调节电动机	B4 接"＋"、B3 接"－"座椅向后倾斜；B3 接"＋"、B4 接"－"座椅向前倾斜

（二）座椅某个方向不能动作故障的诊断与排除

（1）故障现象：电动座椅调节开关拨到某一位置时，座椅不能调节。

（2）故障部位及原因：该调节方向对应的电动机损坏、开关损坏或对应的线路断路等。

（3）故障诊断与排除方法如下。

1）检测不能调节方向的控制电动机。拔下电动机处的插头，将蓄电池正极连接电动机"1"端子，负极连接电动机"2"端子，电动机应旋转；对换蓄电池极性检测，电动机应反向旋转。若电动机只能某一方向转动，说明座椅调节电动机损坏，应更换；若电动机旋转正常，则应检测电动座椅调节开关。

2)检测电动座椅调节开关。检测调节开关在不同位置时，控制不转动的电动机开关各端子接通情况，如图9-4所示。当座椅前端向上调节时，"B6"与"A3"相通，"A4"与"B5"相通；向下调节时，"B6"与"A4"相通，"A3"与"B5"相通。若检测不符合要求，说明开关损坏，应更换；若检测无故障，说明座椅调节开关与电动机之间断路，应予以排除。

五、实训注意事项

(1) 电动座椅结构的认识实训过程中，要多观察、多分析、多思考。

(2) 在对电动座椅电路故障进行检测时，应在读懂电路图原理的基础上进行，避免盲目地拆卸。

六、实训报告要求

(1) 记录检测过程中出现的问题及现象，总结其经验和重点。

(2) 记录检测数据，并对数据结果进行比对分析。

实训四　电动后视镜及后窗除霜装置故障检测

现代中高端汽车上普遍配置了电动后视镜和后窗除霜装置，可以实现驾驶员在不离开座位的情况下，调节后视镜的方位，大大地提高了操作的方便性。同时，后窗除霜装置能够大大提升恶劣天气环境下的行车安全性。

一、实训目的

(1) 掌握电动后视镜的结构。

(2) 了解后窗除霜器的结构。

(3) 能读懂电动后视镜和后窗除霜器相关部分的电路图。根据电路图，能诊断电动后视镜和后窗除霜器的电气故障。

二、实训仪器和设备

轿车，万用表及常用工具等。

三、实训前的准备

(1) 准备好相关的仪器和设备。

(2) 汽车进入工位前将工位清理干净。

(3) 汽车进入工位后，拉紧驻车制动器，并将变速器置于 N 或 P 挡。

(4) 安装转向盘套、换挡手柄套和座套，铺设地板垫等。

(5) 准备零件盒，以备放置零件等。

四、实训内容及步骤

（一）电动后视镜的故障诊断与检测

本田轿车电动后视镜控制电路如图 9-6 所示，系统控制电路主要由电源、熔断器、电动后视镜开关和后视镜电动机等组成。

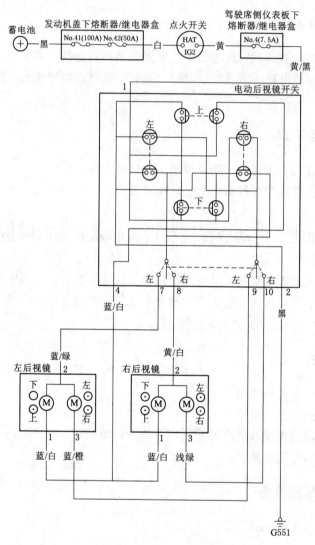

图 9-6　本田轿车电动后视镜控制电路图

电动后视镜系统常见故障有所有后视镜均不工作、某一侧后视镜不工作或只能一个方向工作。

1. 所有后视镜均不工作

（1）故障现象：按电动后视镜开关时，电动后视镜均不工作。

（2）故障部位及原因：熔断器断路或电路断路。

（3）故障诊断与排除方法如下。检测后视镜电源电路。拆下后视镜开关，拔下与后视镜开关连接的插接器，接通点火开关，用万用表电压挡检测后视镜开关插头端"1"端子是否有电压，正常时应有 12V 电压。若无电压，应排除点火开关→仪表板 7.5A 熔断器→后视镜开关"1"端子之间的电路断路故障；若有电压，应排除后视镜开关 2 端子→搭铁（G551）电路断路故障。

2. 某一侧后视镜不工作或只能一个方向工作

（1）故障现象：调整后视镜时，某一侧后视镜不工作或只能一个方向工作。

（2）故障部位及原因：某一侧电动机损坏、电路断路、后视镜开关损坏。

（3）故障诊断与排除方法如下。

1）检测后视镜电动机。拔下不工作侧后视镜电动机的插头，在电动机端插座的相关端子上分别通入电源，后视镜应按规定方向动作（左右后视镜接法相同）。

"1"号端子接"＋""2"号端子接"－"，后视镜向上动作；换电源方向，后视镜向下动作。

"2"号端子接"＋""3"号端子接"－"，后视镜向左动作；掉换电源方向，后视镜向右动作。

若均不工作或某一方向不工作，说明电动机损坏，应更换；若检测正常，检测后视镜开关。

2）检测后视镜开关。将左/右调整开关拨于左边。再按下方向键"上"时，"1""4"导通，"2""7"导通；再按下方向键"下"时，"1""7"导通，"2""4"导通；再按下方向键"左"时，"1""7"导通，"2""9"导通；再按下方向键"右"时，"1""9"导通，"2""7"导通。将左/右调整开关拨于右边。再按下方向键"上"时，"1""4"导通，"8""2"导通；再按下方向键"下"时，"1""8"导通，"2""4"导通。再按下方向键"左"时，"1""8"导通，"10""2"导通；再按下方向键"右"时，"1""10"导通，"8""2"导通。

若检测不符合上述要求，则应更换后视镜开关；若检测符合要求，导致某一侧后视镜不工作或只能一个方向工作的故障原因是后视镜开关与左、右后视镜之间的电路断路引起，应分别检测每一导线是否断路。

（二）后窗除霜装置故障的诊断与检修

本田轿车后窗除霜装置电路如图 9－7 所示。

（1）故障现象：除霜器不除霜，除霜器有时工作有时不工作。

（2）故障原因：熔断器或控制线路断路、加热丝或开关损坏、控制线路不良。

（3）诊断与排除方法如下。

1）打开点火开关和除霜器开关，检查除霜器"正极"端子与地间的电压，应为蓄电池电压 12V；若没有电压，则按照从终端向始端逐段检查的方法，逐段检查车窗天线线圈 A1 处的电压、除霜继电器触点前后的电压，电路中各熔断器前后的电压，直到检查到有电压。

2）若继电器触点前端有电压而后端无电压，则应检查继电器线圈前后端有无电压，同时还应检查除霜器开关的好坏；关闭点火开关和除霜器开关，检查除霜器"负极"端子

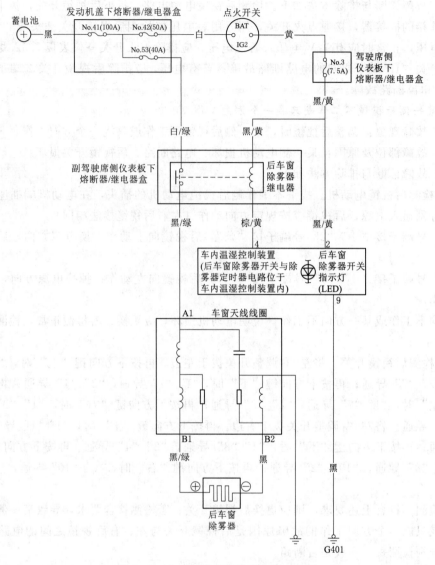

图 9 - 7　本田轿车后窗除霜装置电路图

与地间的导通情况，应该导通，否则说明搭铁回路断路；保持点火开关和除霜器开关打开状态，检查除霜器每条导线中点与地间的电压，应为 6V，若不是 6V，则为除霜器导线有断路现象（若高于 6V，则是中点到负极端子间有断路；若低于 6V，则是中点到正极端子间有断路）。

　　3）检查除霜器加热丝。一个人在后窗外用手电筒逐行缓慢照射加热丝，另一个人在车内仔细观察加热丝。如发现加热丝的某处充分透亮，则该处为断路处，应用专用加热丝修理工具修理。

　　4）当除霜器不工作时，可用测试灯或电压表进行检测，如图 9 - 8 所示。如在后窗上测不出电压，再在开关、继电器总成上检测。值得注意的是，电栅接铁不良，也能使除霜器不工作。由于大多数除霜器电路中装有继电器，因此有可能指示灯发亮而后窗电栅实际不通电。要检测电栅导线情况，可将电压表负极引线和车身金属部分连接，将正极探针在电栅导线上由供电一侧向接铁一侧移动，此时电压值应降低。在后窗无霜情况下，要检测电栅全部导线的情况比较困难。此时可以用呵气的办法使后窗蒙上霜，然后再接通除霜器，迪过这种办法可较快地了解所有导线的工作情况。

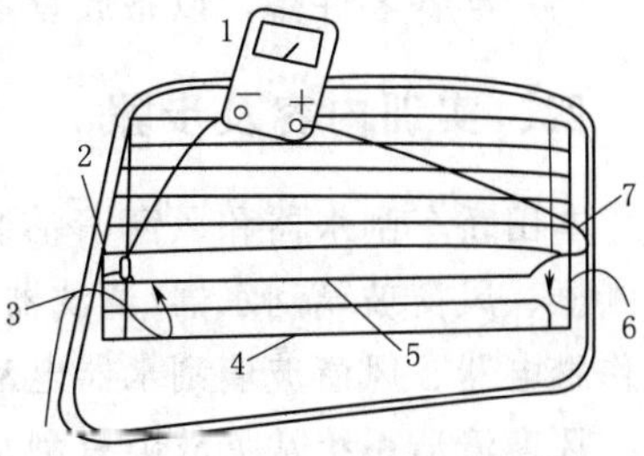

图 9-8　用电压表检测后窗电栅
1—电压表；2—接线柱 A；3—接铁线；
4—后窗电栅；5—中点 C；6—馈线；
7—接线柱 B

五、实训注意事项

（1）电动后视镜的结构和后窗除霜装置的认识实训过程中，要多观察、多分析、多思考。

（2）在对电动后视镜和后窗除霜装置电路故障检测时，应在读懂电路图原理的基础上进行，避免盲目地拆卸。

六、实训报告要求

（1）记录检测过程中出现的问题及现象，总结其经验和重点。

（2）记录检测数据，并对数据结果进行比对分析。

实训五　刮水器和风窗清洁装置故障检测

良好的刮水器和风窗清洁装置可以大大提高雨天行车的安全性，所以确保刮水器和风窗清洁装置正常工作非常重要。

一、实训目的

（1）了解刮水器和风窗清洗装置的电路。

（2）掌握刮水器控制电路故障的诊断与排除方法。

（3）掌握风窗清洗装置电路故障的诊断与排除方法。

二、实训仪器和设备

本田轿车、万用表和常用工具等。

三、实训前的准备

（1）准备好相关的仪器和设备。

（2）汽车进入工位前将工位清理干净。

（3）汽车进入工位后，拉紧驻车制动器，并将变速器置于 N 或 P 挡。

（4）安装转向盘套、换挡手柄套和座套，铺设地板垫等。

（5）准备零件盒，以备放置零件等。

四、实训内容及步骤

本田轿车刮水器和风窗清洁装置电路如图9－9所示。系统控制电路主要由蓄电池、熔断器、风窗玻璃刮水器/清洗器开关、刮水器间歇动作控制电路、风窗玻璃刮水器间歇动作继电器、风窗玻璃刮水器电动机、风窗玻璃清洗器电动机等组成。

风窗清洁系统常见故障有刮水器低速失效、刮水器高速失效、刮水器间歇失效、清洗器失效等。

（一）刮水器低速或高速失效

（1）故障现象：风窗玻璃刮水器/清洗器开关拨至低速或高速挡时，刮水器不转动。

（2）故障部位及原因：熔断器断路、风窗玻璃刮水器/清洗器开关损坏、刮水器电动机电源电路断路、刮水器电动机损坏。

（3）故障诊断与排除方法如下。

1）检测风窗玻璃刮水器/清洗器开关电源。接通点火开关，用万用表电压挡检测风窗玻璃刮水器/清洗器开关"A7"端子与搭铁之间的电压应为蓄电池电压，若无电压，应检测点火开关→驾驶员侧仪表板下熔断器/继电器盒中的No. 7熔断器（7.5A）→风窗玻璃刮水器/清洗器开关A7端子之间的断路情况；若有电压，进行下一步检测。

2）检测风窗玻璃刮水器/清洗器开关。接通低速挡时，开关的"A3"端子与"A8"端子之间导通；接通高速挡时，开关的A4端子与A8端子之间导通。若不符合，应更换风窗玻璃刮水器/清洗器开关；若符合要求，进行下一步检测。

3）检测刮水器电动机电源电路。拆除刮水器防护罩，拔下刮水器电动机的5端子插头，用万用表电压挡检测5端子插头中的"4"号端子与搭铁之间的电压，应为蓄电池电压；若无电压，说明点火开关→驾驶员侧仪表板下熔断器/继电器盒中的No. 12熔断器（30A）→刮水器电动机4号端子之间断路，应予以排除。

4）检测刮水器电动机。拔下刮水器电动机的5端子插头，在电动机插座端分别给相应的端子接入电源，检测电动机工作情况。"4"号端子接电源正极，"2"号端子接电源负极时，电动机应低速运转；"4"号端子接电源正极，"1"号端子接电源负极时，电动机应高速运转；在电动机运转过程中，检测"3"号端子与"5"号端子间的电压应为4V以下。若检测符合上述要求，说明刮水器电动机良好，否则，应更换刮水器电动机总成。

（二）刮水器间歇失效

（1）故障现象：风窗玻璃刮水器/清洗器开关拨至间歇挡时刮水器不转动。

（2）故障部位及原因：熔断器断路、风窗玻璃刮水器/清洗器开关损坏、风窗玻璃刮水器间歇动作继电器损坏、刮水器间歇动作控制电路损坏。

（3）故障诊断与排除方法如下。

1）检测风窗玻璃刮水器/清洗器开关电源，与上述检测相同。

2）检测风窗玻璃刮水器/清洗器开关。接通间歇刮水挡时，开关的"A2"端子与"A7"端子之间导通，"A3"端子与"A5"端子之间导通。若不符合，应更换风窗玻璃刮

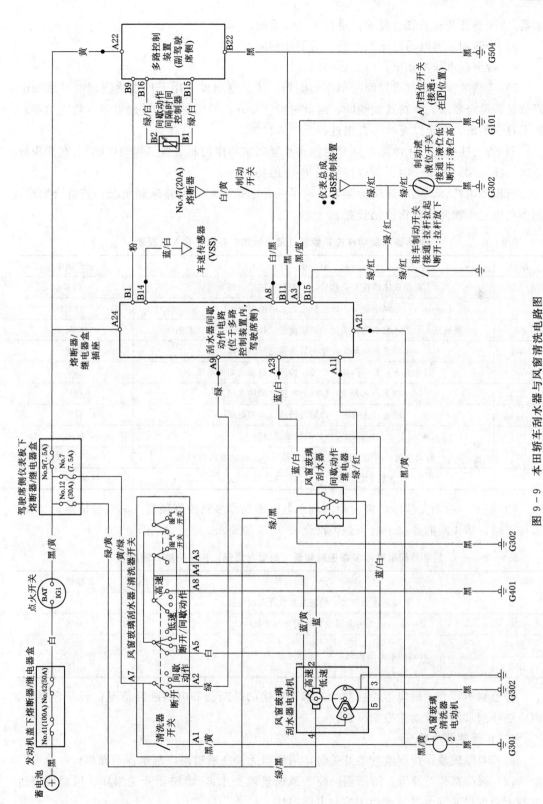

图 9 - 9 本田轿车刮水器与风窗清洁电路图

水器/清洗器开关；若符合要求，进行下一步检测。

3）检测刮水器电动机电源电路，与上述相同。

4）检测刮水器电动机，与上述相同。

5）检测风窗玻璃刮水器间歇动作继电器。拔下继电器，用万用表检测继电器线圈电阻值是否符合要求，并在其线圈断、通电时检测常开、常闭触点的接触电阻（均应为零）。若不符合要求，应予以更换。否则进行下一步检测。

6）若上述检测均无故障，则应检测刮水器间歇动作控制装置（驾驶席侧）。在插头拔下时，插头端的各端子电压是否符合表9-4的要求。

若检测不符合，则应逐段检测与各端子连接的熔断器和电路断路情况；若符合要求，则应更换刮水器间歇动作控制装置。

表9-4　　　　刮水器间歇动作控制装置（驾驶席侧）各端子输入情况表

端子	检 测 条 件	正常结果
A3	自动变速器置于P挡位，检测与搭铁之间的电压	<1V
A8	踩下制动，检测与搭铁之间的电压	12V
A9	接通点火开关，刮水器开关处于间歇位置，检测与搭铁之间的电压	12V
A11	接通点火开关，检测与搭铁之间的电压	12V
A21	接通点火开关和清洗器开关，检测与搭铁之间的电压	12V
A23	接通点火开关，检测与搭铁之间的电压	12V
A24	接通点火开关，检测与搭铁之间的电压	12V
B11	检测与搭铁之间的通路情况	导通
B14	转动车轮，检测与搭铁之间的电压（插上控制器插头）	0~5V间摆动
B15	拉紧驻车制动器，检测与搭铁之间的电压	<1V

7）若上一检测无故障，则应检测刮水器间歇动作多路控制装置（副驾驶员侧）。在插头拔下时，插头端的各端子电压是否符合表9-5的要求。

表9-5　　　　刮水器间歇动作多路控制装置（副驾驶员侧）各端子输入情况表

端子	检 测 条 件	正常结果
A22	接通点火开关，检测与搭铁之间的电压	12V
B22	检测与搭铁之间的导通情况	导通
B16	转动间歇时间控制开关，检测B16与B15间的电阻	0~30kΩ
B15		

若检测不符合，则应逐段检测与各端子连接的熔断器和电路断路情况；若符合要求，则应更换刮水器间歇动作控制装置。

（三）清洗器失效

（1）故障现象：按下清洗器开关时，清洗器无清洗液喷出，刮水器不动作。

（2）故障部位及原因：熔断器断路、风窗玻璃刮水器/清洗器开关损坏、风窗玻璃清洗器电动机损或刮水器间歇动作控制电路损坏。

（3）故障诊断与排除方法如下。

1）检测风窗玻璃刮水器/清洗器开关电源，与上述检测相同。

2）检测风窗玻璃刮水器/清洗器开关。按下清洗器开关时，开关的"A1"端子与"A7"端子之间导通。若不符合，应更换风窗玻璃刮水器/清洗器开关；若符合要求，进行下一步检测。

3）检测清洗器电动机电源电路。拔下清洗器电动机上的"2"端子插头，用万用表电压挡检测2端子插头中的1号端子与搭铁之间的电压，应为蓄电池电压。若无电压，说明点火开关→驾驶员侧仪表板下熔断器/继电器盒中的No.7熔断器（7.5A）→风窗玻璃刮水器/清洗器开关"A7"端子；风窗玻璃刮水器/清洗器开关"A1"端子→风窗玻璃清洗器电动机"1"号端子之间断路，应予以排除。

4）检测清洗器电动机。拔下清洗器电动机的2端子插头，在电动机插座端分别给相应的端子通入电源，检查电动机工作情况。"1"号端子接电源正极，"2"号端子接电源负极时，电动机应运转。若不转动，应更换电动机。

5）若按下清洗器开关有清洗液喷出，而刮水器不转动，故障为风窗玻璃刮水器/清洗器开关"A1"端子与刮水器间歇动作控制装置（驾驶席侧）"A21"之间断路。

五、实训注意事项

（1）电动刮水器的结构和风窗清洗装置的认识实训过程中，要多观察、多分析、多思考。

（2）在对电动刮水器和风窗清洗装置电路故障检测时，应在读懂电路图原理的基础上进行，避免盲目地拆卸。

六、实训报告要求

（1）记录检测过程中出现的问题及现象，总结其经验和重点。

（2）记录检测数据，并对数据结果进行比对分析。

实训单元十
汽车线路的检修与维护

导入案例

汽车线束是连接蓄电池和各电器元件的主要载体，是汽车的神经网络系统，在整车的运行中传递电压、信号及大量的数据，是整车零部件中相对薄弱、易损坏的零件。目前全球线束市场主要被外企占据，矢崎、住友电气、德尔福、莱尼四家占据比重就超过了70%，在我国也占据了大量的市场份额。

随着新能源、智能驾驶、车联网等新兴技术的发展，国内如吉利、奇瑞、长城、比亚迪、长安等一批优秀国产品牌正逐渐崛起，国内汽车线束市场将进一步增长。在这些机遇和背景下，国产品牌应当在新能源转型、轻量化、多路传输及多站连接等线束发展方向加大投资和研发，力争抓住机遇，抢占更多市场，强化线束设计制造的能力，在自己的领域助力我国由制造大国向制造强国的转变。

线束在制造和装配过程中会出现失效。相关媒体统计，2021年全年因线束干涉、连接器接触不良、焊接点焊接不牢等汽车线束问题引起的召回共有16起。在使用过程中，线束也会出现短路、断路、间歇性接触不良等故障。

汽车专业大学生需要掌握线束的基本检修与维护方法，从而掌握基本的相关动手能力，培养工匠精神；同时还需要了解我国相关行业发展现状，发现自己的研究兴趣，推动技术创新，助力国产品牌的不断崛起，最终为我国实现制造强国出一份力。

实训一 汽车线路的检修与维护

汽车线束直接受到环境因素的影响，如车辆的颠簸、振动、温度变化、碰撞刮擦及油水等的侵蚀作用，使线束包皮损坏、线头断开或接触不良，这就需要检修维护和更换导线、接线头、插接器等。

一、实训目的

（1）掌握维护汽车线路的基本操作方法。
（2）能正确判断线路中的短路、断路及接触不良等问题。

二、实训仪器和设备

（1）实训工间，相应车型的线束和全车线路配件。
（2）修复线束的材料及工具。

（3）万用表及常用工具。

三、实训前的准备

（1）预习相应的知识，查阅相关资料。

（2）清理干净工位，汽车进入，拉紧驻车制动器，并将变速器置于 N 或 P 挡。

（3）准备好相关的工具和器材，维修手册及资料。

（4）安装转向盘套、换挡手柄套和座套，铺设地板垫等。

（5）准备好工作车和零件盒，以备放置工具及零件。

四、实训内容及步骤

（一）正确安装线束

（1）线束不可接得过紧，尤其在拐弯处更应注意，在绕过锐角或穿过金属孔时，应用橡皮或套管保护，否则容易磨坏线束而发生短路、搭铁，并有烧毁全车线束、酿成火灾的危险。

（2）线束应用卡簧或线卡固定，以免松动磨坏，如图 10-1 所示。

（3）连接电器时，应根据插接器规格以及导线的颜色或接头处套管的颜色，分别接于电器上。若不易辨别导线的头尾时，一般可用试灯区分，不宜用试火法，因为在供电系统中，试火容易烧坏导线。

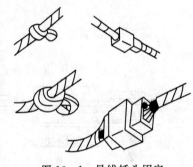

图 10-1　导线插头固定

（二）正确拆检插接器

插接器导线接头常因大气侵蚀或电火花而发生蚀损，因机械振动而使线端断裂。保持接头接触良好，需掌握修复线头的基本技能。

拆插接器时，需压下闭锁，切不可直接猛拉电线，如图 10-2 所示。若发现插头插座损坏或锈蚀严重，应按图 10-3 所示方法用小螺钉旋具自插口端伸入撬开锁紧环，当自锁片被螺丝刀撬起后，将接线片从后部拔出。对锈蚀严重的线头，可用细砂纸打去锈皮，若有损坏应更换插头插座。

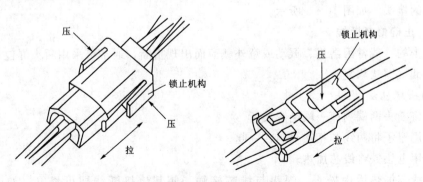

图 10-2　插接器拆卸方法

（三）正确制作导线端子

新增线路或修复接头时常用钎焊法和压力折皱法制作导线端子。

1. 钎焊法修复

（1）将电线尾端剥掉一段绝缘层。

（2）选用适当尺寸的套管和电线接头，套上线端。

（3）用钳子将接线头柄部分分别与绝缘层与线芯夹紧。

（4）用电烙铁将线芯加热，等线芯加热后用松香芯焊锡与接头处接触，使其熔接，熔后趁热将套管拉到接头处，线头即可制成，如图10-4所示。采用焊锡管助焊时，应先将焊膏涂于待焊部位，用大功率电烙铁蘸锡后带锡一气焊成，直到焊锡充分渗透待焊部位为止。

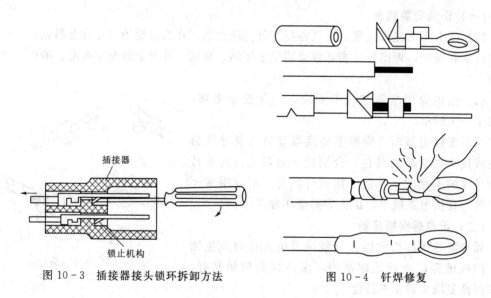

图10-3 插接器接头锁环拆卸方法　　　　图10-4 钎焊修复

2. 压力折皱法修复

该方法是以加压力代替焊接的连接法，目前很多汽修厂采用。它能保证连接牢固，并且简化了线头修复工艺。压力折皱法需采用一种乙烯基塑套筒，制作时先将线端剥去绝缘层露出线芯，套上塑料套管和接头，形成一个塑料夹头，最后用专用夹线钳加压，就制成牢固连接的接头，如图10-5所示。

（四）正确修复断线

线束中的导线常因磨损、振动或意外载荷而出现折断，通常可采用断头焊包法、压套法、附加插接器法修复。

1. 断头焊包法

（1）将断头两端剥掉一段绝缘层。

（2）用钳子将两线芯相互绕制在一起。

（3）用电烙铁将线芯加热。

（4）线芯加热后用松香、焊锡与线芯接触，使其熔接断线即可修复，如图10-6所示。

168

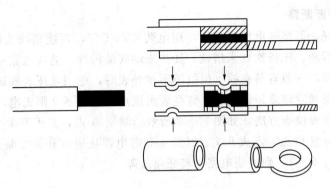

图 10-5　压力折皱法修复

2. 压套法

（1）将断头两端剥掉一段绝缘层。

（2）将两线芯插入用专用铜连接套管内。

（3）用压紧器将线芯与铜连接套管压为一体，如图 10-7 所示。

（4）再进行绝缘包扎处理。

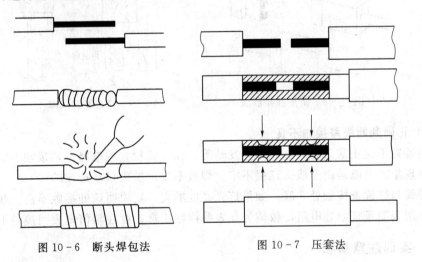

图 10-6　断头焊包法　　　　　　图 10-7　压套法

3. 附加插接器法

（1）将断头两端剥掉一段绝缘层。

（2）将两线芯分别装入连接器接插片上，如图 10-8 所示。

（3）插接器连接。

（五）正确判断短路

若接通开关后，熔断丝烧断，或导线发热有烧焦味，甚至冒烟、烧毁，可能是导线绝缘损坏、电器导电零件和线头裸露部分或脱落的线头与车体接触造成的。

首先根据电路原理判断短路部位。当查找不到时，将试灯串联在故障电路中，如果接通电路开关后，试灯不亮，说明短路点在电源与试灯之间。如果试灯亮，则说明短路点在灯至负载之间。为了判断短路点的具体位置，应从负载开始，沿线路走向逐点用试灯拆线检查。

（六）正确判断断路

若熔断丝完好，但接通电路开关后，用电装置不工作，可能是线头脱落、接触不良、开关失效、导线拆断、该搭铁处未搭铁、插头松动或油污等，造成电路中无电。

外部断路部位，一般容易查找。但故障不在外表时，应用电压表或试灯查找。将试灯与负载并联，逐点判定该点是否有电，灯亮表示该点有电，不亮则无电，断电点在有电和无电之间。用电压表检查方法，如图 10-9 所示。测量 A 点，点火开关接通；测量 B 点，点火开关接通；测量 C 点，点火开关、开关 1 和继电器接通（开关 2 断开）。如果此时各点无电压（或试灯不亮），则表明电路中有断路故障。

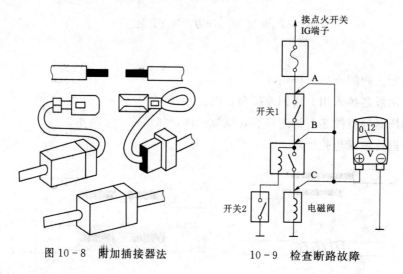

图 10-8　附加插接器法　　　　10-9　检查断路故障

（七）正确判断线路接触不良

用电装置不能正常工作，例如灯光发暗等。在电流较大的电路中，接触不良处出现发热和烧蚀现象。可能是由于线头连接不牢、焊接不良、插头松动造成的。

用导线与待检查接触处并联，如果灯光亮度增大，则说明该处接触不良。断开电路开关，用万用表测量接触处电阻，数值为 0 表明接触正常；存在阻值则表明接触不良。

五、实训注意事项

（1）拆卸蓄电池时，总是最先拆下负极（一）电缆；装上蓄电池时，总是最后连接负极（一）电缆。

（2）更换烧坏的保险丝时，应使用相同规格的保险丝。使用比规定容量大的保险丝会导致电器元件损坏发热甚至发生火灾。

（3）拆下或装上蓄电池电缆时，应确保点火开关或其他开关都已断开，否则会导致半导体元器件的损坏。

（4）靠近振动部件（如发动机）的线束部分应用卡子固定，将松弛部分拉紧，以免由于振动造成线束与其他部件接触。

（5）不要粗暴地对待电器元件，也不能随意乱扔。无论好坏器件，都应轻拿轻放。

（6）与尖锐边缘磨碰的线束部分应用胶带缠起来，以免磨坏。

（7）安装固定零件时，应确保线束不要被夹住或被破坏。

（8）安装时，应确保接插头接插牢固。

（9）进行保养时，若温度超过 80℃（如进行焊接时），应先拆下对温度敏感的零件（如继电器和 ECU）。

六、实训报告要求

（1）归纳总结维护汽车线路的基本操作方法及检修注意事项。

（2）记录实训过程中出现的问题，总结其经验和重点。

参 考 文 献

［1］ 胡光辉. 汽车电气设备构造与检修［M］. 2版. 北京：机械工业出版社，2011.

［2］ 赵英勋. 汽车检测与诊断技术［M］. 北京：机械工业出版社，2011.

［3］ 郝军. 汽车电器实训［M］. 北京：机械工业出版社，2004.

［4］ 赵福堂. 汽车电器检测与维修实训［M］. 北京：中国劳动出版社，2006.

［5］ 杜盛强. 汽车电气设备构造与维修［M］. 成都：电子科技大学出版社，2008.

［6］ 盛国林. 电气故障检修方法与案例分析［M］. 北京：机械工业出版社，2009.

［7］ 罗益泰. 汽车电器维修常用方法及应注意问题［J］. 魅力中国. 2010，4（10）：261.

［8］ 朱彩云，张忠伟. 汽车电气与电子控制系统检修［M］. 北京：机械工业出版社，2010.

［9］ 张大鹏，张宪. 怎样诊断与排除汽车电路故障［M］. 北京：化学工业出版社，2011.

［10］ 熊文，曾有为. 汽车电气设备构造与维修［M］. 北京：东北师范大学出版社，2011.

［11］ 朱军. 汽车电器常见维修项目实训教材［M］. 北京：人民交通出版社，2009.

［12］ 高元伟，吕学前. 汽车电气设备构造与维修［M］. 江西：人民交通出版社，2011.

［13］ 殷传亮. 红旗奥迪电动车窗控制器的原理与故障诊断［J］. 汽车电器. 2010，5（12）：54－55.

［14］ 韩飒. 汽车车身电气附属电气设备检修［M］. 2版. 北京：人民交通出版社，2015.

［15］ 李波，沙立君. 汽车车身电气设备检修［M］. 北京：北京邮电大学出版社，2017.

［16］ 黄斌. 汽车车身电气及附属电气设备检修［M］. 北京：中国劳动社会保障出版社，2009.